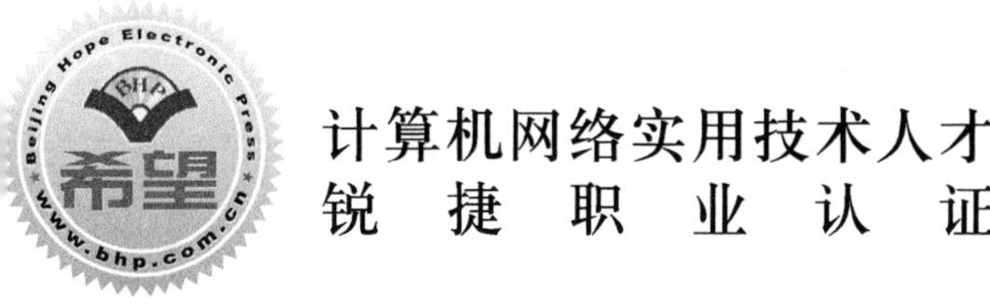

设备调试与网络优化

Debugging and Optimizing Networking Devices (DOND)

实验指南

◎ 张选波 王 东 张国清 编著

内 容 简 介

本书是《设备调试与网络优化学习指南》的配置套教材，内容涉及《设备调试与网络优化学习指南》课程中所阐述的理论知识。全书以实际的网络环境为依托，结合工程项目中的实践经验，对现在最流行的网络技术进行了综合性的实践。书中提供的真实案例和项目解决方案会使读者在学习理论知识的基础上，通过实践操作加深对网络技术的理解和领悟。

本书既可以作为本科类院校、高职类院校教学的教材，也可以作为网络设计师、网络工程师、系统集成工程师以及相关技术人员在实际构建园区网络中的技术参考用书。由于具备很强的专业性、实用性、易读性，本书现已被选为锐捷网络有限公司 RCCP（锐捷认证资深网络调试工程师）认证的指定教材。

本书配套的电子课件、各章的复习题答案都可以通过访问 http://www.bhp.com.cn、http://university.ruijie.com.cn 获得。

需要本书或技术支持的读者，请与北京市海淀区中关村大街 22 号中科大厦 A 座 10 层（邮编：100190）发行部联系，电话：010-82620818（总机），传真：010-62543892，E-mail：bhpjc@bhp.com.cn。

图书在版编目（CIP）数据

设备调试与网络优化实验指南 / 张选波，王东，张国清编著．—北京：科学出版社，2009.4

（计算机网络实用技术人才培养丛书）

ISBN 978-7-03-024168-9

Ⅰ. 设… Ⅱ. ①张… ②王…③张… Ⅲ. 计算机网络—实验—指南 Ⅳ. TP393-62

中国版本图书馆 CIP 数据核字（2009）第 027005 号

责任编辑：刘 芯 / 责任校对：马 君
责任印刷：密 东 / 封面设计：青青果园

科学出版社 出版

北京东黄城根北街 16 号
邮政编码：100717
http://www.sciencep.com

北京建宏印刷有限公司印刷

科学出版社发行 各地新华书店经销

*

2019 年 7 月第二版第一次印刷 开本：787×1092 1/16
字数：343 000 印张：15

定价：32.00 元

《设备调试与网络优化实验指南》编委会

Debugging and Optimizing Networking Devices (DOND)

“计算机网络实用技术人才培养丛书”
编审委员会

前　　言

随着信息化的高速发展，人们已经把更多的生活、娱乐和学习等事务转移到网络这个平台上去开展。小到一个家庭，大到一个企业，甚至是一所高校，为了提高工作效率，并进行更多的信息交流，都需要构建一个园区网，从而实现内部的高效沟通。如果希望能进一步地能够和互联网中的其他地区甚至国家的人群、组织进行信息交流，则需要将内部的园区网接入到互联网中。

本书详细介绍了构建园区网所涉及的各项交换、路由、安全等方面的知识，以及如何将园区网接入到互联网的相关技术，包括 VLAN、STP/RSTP/MSTP、VRRP、RIP、OSPF、局域网安全设计、网络出口设计、远程接入、VPN 等。另外，在最后一章还介绍了在网络故障维护中常用的思路、工具与命令，使读者在对网络进行维护与故障排除中进行借鉴。在本书的各个章中，不仅对相关技术进行了详细的介绍，而且还介绍了为了实现和部署这些技术在网络设备上的配置方式，并且章节的末尾提供了复习题目，以帮助读者巩固所学的内容和达到自我测试的目的。

本书的规划思想是使所需知识具有专业化、体系化、全面化的特征，能够体现和代表当前最新的网络技术发展方向。因此，在课程规划和内容选择上与传统的网络专业教材有很大的区别，本书从各个方面都能满足各级、各类不同专业院校教学与实践的要求。

本书由资深网络技术专家张选波和具有多年教学经验的王东、张国清在基于多年的网络工程经验、教学经验以及对网络技术的深刻理解上联合编写而成。

本书目标

本书在完成理论知识和技术原理学习的同时，通过大量的真实项目案例和项目示例，以达到理论和实践相结合的目的，帮助读者对所学的知识的掌握程度进行评估和验证，对本科类院校、高职类院校培养技能型、实用型人才有很大的帮助。

本书读者

本书的读者对象可以是本科类院校、高职类院校的学生、教师，也可以为准备参加 RCCP 考试的专业人士，以及希望学习更多园区网构建知识的技术人员。

我们推荐阅读本书的读者具有基本的网络技术知识，或者具备 RCNA 认证或者具有与 RCNA 同等水平的网络知识，以便更好地理解本书中所涉及的内容。

阅读方法

本书将所有内容分为 38 个实验案例，每个实验案例都对一项或几项协议及技术用项目案例来加深对知识点的理解。由于后续章节内容的理解需要掌握前面章节的知识，所以推荐读者根据章节的顺序依次阅读。具有一定基础的读者也可以灵活地有选择地对某些章节进行阅读。

本书资源

为了保证课程在学校的有效实施，及课程教学资源的长期提供，还建设了专门的课程实施教学俱乐部的网络资源共享基地，用来支持在课程实施过程中的项目资源更新。读者可以访问 http://labclub.ruijie.com.cn、http://university.ruijie.com.cn，免费获得配套电子课件、各章节的复习题答案以及更多的教学资源。

本书结构

本书通过 38 个实验项目实例对园区网相关技术进行了介绍，其中实验 32～实验 38 为本书的扩展部分，不列为此认证的考试范围，具体结构如下所示。

实验 1～实验 3 是关于 VLAN 技术的实验案例，包括单臂路由、使用 SVI 实现 VLAN 间路由、跨交换机实现 VLAN 间路由等实验，理论知识可以参阅《设备调试与网络优化学习指南》一书中的“第 1 章　VLAN 技术”。

实验 4～实验 5 是关于生成树协议的实验案例，包括配置 RSTP、配置 MSTP 等。理论知识可以参阅《设备调试与网络优化学习指南》一书中的“第 2 章　生成树协议术”。

实验 6～实验 8 是关于虚拟路由器冗余协议（VRRP）的实验案例，包括配置 VRRP 单备份组、配置 VRRP 多备份组、配置基于 SVI 的 VRRP 备份组等。理论知识可以参阅《设备调试与网络优化学习指南》一书中的“第 3 章　虚拟路由器冗余协议（VRRP）”。

实验 9 是关于路由信息协议（RIP）的实验案例，包括配置 RIP 版本、汇总、定时器等。理论知识可以参阅《设备调试与网络优化学习指南》一书中的“第 4 章　路由信息协议（RIP）”。

实验 10～实验 11 是关于开放式最短路径优先协议（OSPF）的实验案例，包括 OSPF 单区域配置、OSPF 多区域配置等。理论知识可以参阅《设备调试与网络优化学习指南》一书中的“第 5 章　开放式最短路径优先协议（OSPF）”。

实验 12～实验 15 是关于路由重发布与路由控制的实验案例，包括配置 RIP 被动接口、配置 OSPF 被动接口、调整路由的 AD 值、配置 RIP 与 OSPF 路由重发布等。理论知识可以参阅《设备调试与网络优化学习指南》一书中的“第 6 章　路由重发布与路由控制”。

实验 16～实验 23 是关于网络安全控制的实验案例，包括配置 ARP 检查、配置 DHCP 监听、配置动态 ARP 检测、配置标准 IP ACL、配置扩展 IP ACL、配置基于 MAC 的 ACL、配置基于时间的 ACL 等。理论知识可以参阅《设备调试与网络优化学习指南》一书中的“第 7 章　网络安全控制”。

实验 24～实验 26 是关于 AAA 和 802.1x 的实验案例：包括配置远程登录的 AAA 认证、配置 PPP 链路的 AAA 认证、接入层 802.1x 等。理论知识可以参阅《设备调试与网络优化学习指南》一书中的“第 8 章　AAA 和 802.1x”。

实验 27～实验 31 是关于网络出口设计的实验案例，包括配置静态 NAT、配置动态 NAT、配置 NAT 地址复用（NAPT）、配置 TCP 负载分配、配置策略路由等。理论知识可以参阅《设备调试与网络优化学习指南》一书中的“第 9 章　网络出口设计”。

实验 32～实验 36 是关于远程接入技术的实验案例，包括广域网协议的封装、PPP PAP 认证、PPP CHAP 认证、帧中继基本配置、帧中继交换机配置等。理论知识可以参阅《设备调试与网络优化学习指南》一书中的“第 10 章　远程接入技术”。

实验 37～实验 38 是关于虚拟专用网（VPN）的实验案例，包括 IPSec VPN 简单配置、Site To Site IPSec VPN 多站点配置等。理论知识可以参阅《设备调试与网络优化学习指南》一书中的“第 11 章　虚拟专用网（VPN）”。

命令语法规范

本书中使用的命令语法规范与产品命令参考手册中的命令语法相同。

- 竖线“|”表示分隔符，用于分开可选择的选项。
- 星号“*”表示可以同时选择多个选项。

- 方括号“[ ]”表示可选项。
- 大括号“{ }”表示必选项。
- **粗体**字表示按照显示的文字输入的命令和关键字。在配置的示例和输出中，粗体字表示需要用户手工输入的命令（例如 **show** 命令）。
- *斜体*字表示需要用户输入的具体值。

本书使用的图标

本书中所使用的图标示例如下所示。

目　　录

实验 1　单臂路由

【实验名称】

单臂路由。

【实验目的】

利用路由器的单臂路由功能实现 VLAN 间路由。

【背景描述】

为减小广播包对网络的影响，网络管理员在公司内部网络中进行了 VLAN 的划分。在实现 VLAN 间路由上，为节约成本充分并且利用现有设备，网络管理员计划利用路由器的单臂路由功能实现 VLAN 间路由。

【需求分析】

通过划分 VLAN 减小广播域的范围，为了节约成本并且充分利用现有设备，在路由器上配置单臂路由实现 VLAN 间路由。

【实验拓扑】

实验的拓扑图，如图 1-1 所示。

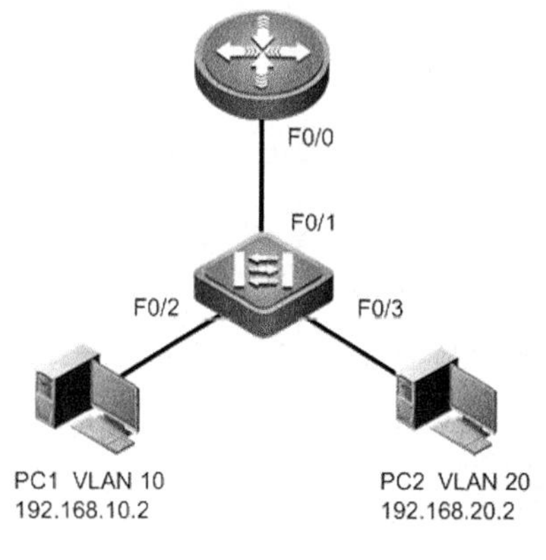

图 1-1

【实验设备】

路由器（软件版本为 RGNOS 10.1.00 及以上版本）1 台。

交换机（软件版本为 RGNOS10.1.00 及以上版本）1 台。

PC 机 2 台。

【预备知识】

交换机转发原理、交换机基本配置、单臂路由原理。

【实验原理】

VLAN 间的主机通信为不同网段间的通信，需要通过三层设备对数据进行路由转发才可以实现，在路由器上对物理接口划分子接口并封装 802.1Q 协议，使每一个子接口都充当一个 VLAN 网段中主机的网关，利用路由器的三层路由功能可以实现不同 VLAN 间的通信。

【实验步骤】

步骤 1　在路由器上配置子接口并封装 802.1q。

```
Router#configure terminal
Router(config)#interface fastEthernet 0/0
Router(config-if)#no shutdown
Router(config-if)#interface fastethernet 0/0.1
！创建并进入路由器子接口
Router(config-subif)#description vlan10
！对子接口进行描述
Router(config-subif)#encapsulation dot1q 10
！对子接口封装 801.2q 协议，并定义 VID 为 10
Router(config-subif)#ip address 192.168.10.1 255.255.255.0
！为子接口配置 IP 地址
Router(config-subif)#no shutdown
Router(config-subif)#exit
Router(config)#interface fastethernet 0/0.2
Router(config-subif)#description vlan20
Router(config-subif)#encapsulation dot1q 20
Router(config-subif)#ip address 192.168.20.1 255.255.255.0
Router(config-subif)#no shutdown
Router(config-subif)#end
```

步骤 2　在交换机上定义 Trunk。

```
Switch#configure terminal
Switch(config)#interface fastEthernet 0/1
Switch(config-if)#switchport mode trunk
！将与路由器相连的端口配置为 Trunk 口。
Switch(config-if)#exit
```

步骤 3　在交换机上划分 VLAN。

```
Switch(config)#vlan 10
Switch(config-vlan)#vlan 20
Switch(config-vlan)#exit
Switch(config)#interface fastEthernet 0/2
Switch(config-if)#switchport access vlan 10
Switch(config-if)#exit
Switch(config)#interface fastEthernet 0/3
Switch(config-if)#switchport access vlan 20
Switch(config-if)#end
```

步骤 4　测试网络连通性。

按上图连接拓扑，给主机配置相应 VLAN 的 IP 地址。从 VLAN10 中的 PC1 ping VLAN20 中的 PC2，由于路由器的单臂路由功能实现了 VLAN 间路由，测试结果如下所示：

```
C:\Documents and Settings\shil>ping 192.168.20.2
Pinging 192.168.20.2 with 32 bytes of data:

Reply from 192.168.20.2: bytes=32 time<1ms TTL=63
Reply from 192.168.20.2: bytes=32 time<1ms TTL=63
Reply from 192.168.20.2: bytes=32 time<1ms TTL=63
Reply from 192.168.20.2: bytes=32 time<1ms TTL=63
Ping statistics for 192.168.20.2:

    Packets: Sent = 4, Received = 4, Lost = 0 (0% loss),
Approximate round trip times in milli-seconds:
    Minimum = 0ms, Maximum = 0ms, Average = 0ms
```

从上述测试结果可以看到，通过在路由器上配置单臂路由，实现了不同 VLAN 之间的主机通信。

【注意事项】

交换机上和路由器相连的端口需配置为 Trunk。

【参考配置】

```
Router#show running-config

Building configuration...
Current configuration : 668 bytes
!
!
enable secret 5 $1$db44$8x67vy78Dz5pq1xD
!
interface FastEthernet 0/0
 duplex auto
 speed auto
!
interface FastEthernet 0/0.1
 encapsulation dot1Q 10
 ip address 192.168.10.1 255.255.255.0
 description vlan10
!
interface FastEthernet 0/0.2
 encapsulation dot1Q 20
 ip address 192.168.20.1 255.255.255.0
 description vlan20
!
interface FastEthernet 0/1
 duplex auto
 speed auto
```

```
!
line con 0
line aux 0
line vty 0 4
 login
!
End
```

Switch#show running-config

```
System software version : 1.68 Build Apr 25 2007 Release

Building configuration...
Current configuration : 289 bytes
!
!
hostname Switch
vlan 1
!
vlan 10
!
vlan 20
!
```
interface fastEthernet 0/1
 switchport mode trunk
```
!
interface fastEthernet 0/2
 switchport access vlan 10
!
interface fastEthernet 0/3
 switchport access vlan 20
!
End
```

实验 2　使用 SVI 实现 VLAN 间路由

【实验名称】

使用 SVI 实现 VLAN 间路由。

【实验目的】

利用三层交换机实现 VLAN 间路由。

【背景描述】

为减小广播包对网络的影响，网络管理员在公司内部网络中进行了 VLAN 的划分。完成 VLAN 的划分后，发现不同 VLAN 之间无法互相访问。

【需求分析】

可以通过配置三层交换机的 SVI 接口实现 VLAN 间的路由。

【实验拓扑】

实验的拓扑图，如图 2-1 所示。

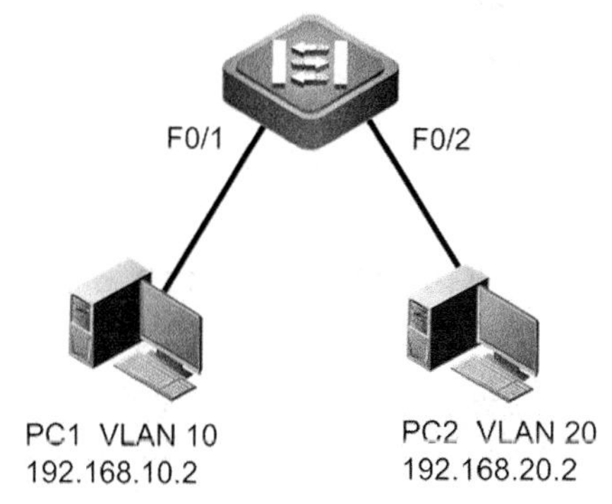

图 2-1

【实验设备】

三层交换机（软件版本为 RGNOS10.1.00 及以上版本）1 台。

PC 机 2 台。

【预备知识】

交换机转发原理、交换机基本配置、三层交换机路由功能。

【实验原理】

VLAN 间的主机通信为不同网段间的通信，需要通过三层设备对数据进行路由转发才可以实现，通过在三层交换机上为各 VLAN 配置 SVI 接口，利用三层交换机的路由功能可以实现 VLAN 间的路由。

【实验步骤】

步骤 1　在三层交换机上创建 VLAN。

```
Switch#configure terminal
Switch(config)#vlan 10
Switch(config-vlan)#vlan 20
Switch(config-vlan)#exit
```

步骤 2　在三层交换机上将端口划分到相应 VLAN。

```
Switch(config)#interface fastEthernet 0/1
Switch(config-if)#switchport access vlan 10
Switch(config-if)#exit
Switch(config)#interface fastEthernet 0/2
Switch(config-if)#switchport access vlan 20
Switch(config-if)#exit
```

步骤 3　在三层交换机上给 VLAN 配置 IP 地址。

```
Switch(config)#interface vlan 10
Switch(config-if)#ip address 192.168.10.1 255.255.255.0
Switch(config-if)#no shutdown
Switch(config-if)#exit
Switch(config)#interface vlan 20
Switch(config-if)#ip address 192.168.20.1 255.255.255.0
Switch(config-if)#no shutdown
Switch(config-if)#exit
```

步骤 4　验证测试。

按拓扑中所示配置 PC 并连线，从 VLAN10 中的 PC1 ping VLAN20 中的 PC2，结果如下所示：

```
C:\Documents and Settings\shil>ping 192.168.20.2
Pinging 192.168.20.2 with 32 bytes of data:

Reply from 192.168.20.2: bytes=32 time<1ms TTL=64
Reply from 192.168.20.2: bytes=32 time<1ms TTL=64
Reply from 192.168.20.2: bytes=32 time<1ms TTL=64
Reply from 192.168.20.2: bytes=32 time<1ms TTL=64
Ping statistics for 192.168.20.2:

   Packets: Sent = 4, Received = 4, Lost = 0 (0% loss),
Approximate round trip times in milli-seconds:
   Minimum = 0ms, Maximum = 0ms, Average = 0ms
```

从上述测试结果可以看到通过在三层交换机上配置SVI接口实现了不同VLAN之间的主机通信。

【注意事项】

VLAN 中 PC 的 IP 地址需要和三层交换机上相应 VLAN 的 IP 地址在同一网段，并且主机网关配置为三层交换机上相应 VLAN 的 IP 地址。

【参考配置】

```
Switch#show running-config

Building configuration...
Current configuration : 1370 bytes
!
vlan 1
!
vlan 10
!
vlan 20
!
!
enable secret 5 $1$khi7$zBty5tE6xwvCw3Dv
!
interface FastEthernet 0/1
 switchport access vlan 10
!
interface FastEthernet 0/2
 switchport access vlan 20
!
interface FastEthernet 0/3
!
interface FastEthernet 0/4
!
interface FastEthernet 0/5
!
interface FastEthernet 0/6
!
interface FastEthernet 0/7
!
interface FastEthernet 0/8
!
interface FastEthernet 0/9
!
interface FastEthernet 0/10
!
interface FastEthernet 0/11
!
interface FastEthernet 0/12
!
```

```
interface FastEthernet 0/13
!
interface FastEthernet 0/14
!
interface FastEthernet 0/15
!
interface FastEthernet 0/16
!
interface FastEthernet 0/17
!
interface FastEthernet 0/18
!
interface FastEthernet 0/19
!
interface FastEthernet 0/20
!
interface FastEthernet 0/21
!
interface FastEthernet 0/22
!
interface FastEthernet 0/23
!
interface FastEthernet 0/24
!
interface GigabitEthernet 0/25
!
interface GigabitEthernet 0/26
!
interface GigabitEthernet 0/27
!
interface GigabitEthernet 0/28
!
interface VLAN 10
 ip address 192.168.10.1 255.255.255.0
!
interface VLAN 20
 ip address 192.168.20.1 255.255.255.0
!
line con 0
line vty 0 4
 login
!
!
End
```

实验 3　跨交换机实现 VLAN 间路由

【实验名称】

跨交换机实现 VLAN 间路由。

【实验目的】

利用三层交换机跨交换机实现 VLAN 间路由。

【背景描述】

为减小广播包对网络的影响，网络管理员在公司内部网络中进行了 VLAN 的划分，为了实现不同 VLAN 间的互相访问，网络管理员利用三层交换机实现 VLAN 间路由。但是由于网络中主机数量较大，部分主机需要通过二层交换机接入到网络中，再利用三层交换机的路由功能实现和其他 VLAN 间路由。

【需求分析】

在二层交换机上划分 VLAN 配置 Trunk 实现不同 VLAN 的主机接入，在三层交换机上划分 VLAN 配置 Trunk 并配置 SVI 接口实现不同 VLAN 间路由。

【实验拓扑】

实验的拓扑图，如图 3-1 所示。

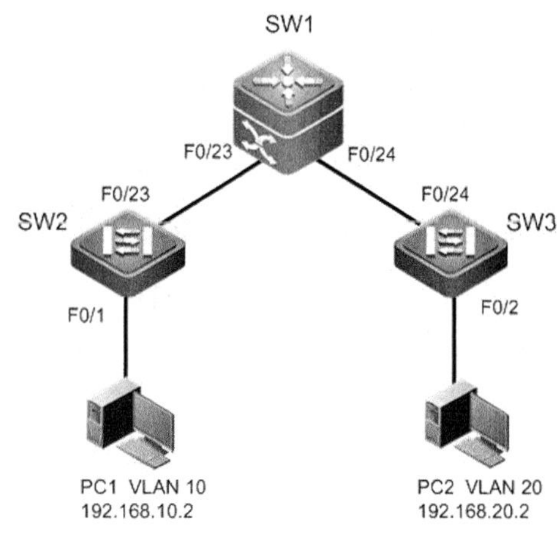

图 3-1

【实验设备】

三层交换机（软件版本为 RGNOS10.1.00 及以上版本）1 台。

二层交换机（软件版本为 version 1.68 及以上版本）2 台。

PC 机 2 台。

【预备知识】

交换机转发原理、交换机基本配置、三层交换机路由功能。

【实验原理】

在二层交换机上划分 VLAN 可实现不同 VLAN 的主机接入，而 VLAN 间的主机通信为不同网段间的通信，需要通过三层设备对数据进行路由转发才可以实现，通过在三层交换机上为各 VLAN 配置 SVI 接口，利用三层交换机的路由功能可以实现 VLAN 间的路由。

【实验步骤】

步骤 1　在 SW1 中创建 VLAN。

```
SW1(config)#vlan 10
SW1(config-vlan)#vlan 20
SW1(config-vlan)#exit
```

步骤 2　在 SW1 上给 VLAN 配置 IP 地址。

```
SW1(config)#interface vlan 10
SW1(config-if)#ip address 192.168.10.1 255.255.255.0
SW1(config-if)#no shutdown
SW1(config-if)#exit
SW1(config)#interface vlan 20
SW1(config-if)#ip address 192.168.20.1 255.255.255.0
SW1(config-if)#no shutdown
SW1(config-if)#exit
```

步骤 3　W1 上配置 Trunk。

```
SW1(config)#interface fastEthernet 0/23
SW1(config-if)#switchport mode trunk
SW1(config-if)#exit
SW1(config)#interface fastEthernet 0/24
SW1(config-if)#switchport mode trunk
SW1(config-if)#exit
```

步骤 4　在 SW2 和 SW3 上创建相应的 VLAN，并将端口划分到 VLAN。

```
SW2(config)#vlan 10
SW2(config-vlan)#exit
SW2(config)#interface fastEthernet 0/1
SW2(config-if)#switchport access vlan 10
SW2(config-if)#exit

SW3(config)#vlan 20
SW3(config-vlan)#exit
SW3(config)#interface fastEthernet 0/2
SW3(config-if)#switchport access vlan 20
SW3(config-if)#exit
```

步骤 5　在 SW2 和 SW3 上配置 Trunk。

```
SW2(config)#interface fastEthernet 0/24
SW2(config-if)#switchport mode trunk
SW2(config-if)#exit
```

```
SW3(config)#interface fastEthernet 0/24
SW3(config-if)#switchport mode trunk
SW3(config-if)#exit
```

步骤 6　验证测试。

按照拓扑配置 PC 并且连线，从 VLAN10 中的 PC1 ping VLAN20 中的 PC2，结果如下：

```
C:\Documents and Settings\shil>ping 192.168.20.2
Pinging 192.168.20.2 with 32 bytes of data:

Reply from 192.168.20.2: bytes=32 time<1ms TTL=64
Reply from 192.168.20.2: bytes=32 time<1ms TTL=64
Reply from 192.168.20.2: bytes=32 time<1ms TTL=64
Reply from 192.168.20.2: bytes=32 time<1ms TTL=64

Ping statistics for 192.168.20.2:
   Packets: Sent = 4, Received = 4, Lost = 0 (0% loss),
Approximate round trip times in milli-seconds:
   Minimum = 0ms, Maximum = 0ms, Average = 0ms
```

从上述测试结果可以看到，通过接入层交换机上的 VLAN 划分和三层交换机的 SVI 配置，不同 VLAN 中的主机可以互相通信。

【注意事项】

交换机之间级联的端口需要配置为 Trunk。

【参考配置】

SW1#show running-config

```
Building configuration...
Current configuration : 1424 bytes

!
hostname SW1
!
vlan 1
!
vlan 10
!
vlan 20
!
!
enable secret 5 $1$khi7$zBty5tE6xwvCw3Dv
!
interface FastEthernet 0/1
!
interface FastEthernet 0/2
```

```
 !
interface FastEthernet 0/3
!
interface FastEthernet 0/4
!
interface FastEthernet 0/5
!
interface FastEthernet 0/6
!
interface FastEthernet 0/7
!
interface FastEthernet 0/8
!
interface FastEthernet 0/9
!
interface FastEthernet 0/10
!
interface FastEthernet 0/11
!
interface FastEthernet 0/12
!
interface FastEthernet 0/13
!
interface FastEthernet 0/14
!
interface FastEthernet 0/15
!
interface FastEthernet 0/16
!
interface FastEthernet 0/17
!
interface FastEthernet 0/18
!
interface FastEthernet 0/19
!
interface FastEthernet 0/20
!
interface FastEthernet 0/21
!
interface FastEthernet 0/22
!
interface FastEthernet 0/23
```

```
 switchport mode trunk
 !
interface FastEthernet 0/24
 switchport mode trunk
 !
interface GigabitEthernet 0/25
!
interface GigabitEthernet 0/26
!
interface GigabitEthernet 0/27
!
interface GigabitEthernet 0/28
!
interface VLAN 10
 ip address 192.168.10.1 255.255.255.0
!
interface VLAN 20
 ip address 192.168.20.1 255.255.255.0
!
!
line con 0
line vty 0 4
 login
!
End
```

SW2#show running-config

```
System software version : 1.68 Build Apr 25 2007 Release

Building configuration...
Current configuration : 181 bytes

!
!
hostname SW2
vlan 1
!
vlan 10
!
interface fastEthernet 0/1
 switchport access vlan 10
!
```

```
interface fastEthernet 0/24
 switchport mode trunk
!
End
```

SW3#show running-config

```
System software version : 1.68 Build Apr 25 2007 Release

Building configuration...
Current configuration : 181 bytes

!
hostname SW3
vlan 1
!
vlan 20
!
interface fastEthernet 0/2
 switchport access vlan 20
!
interface fastEthernet 0/24
 switchport mode trunk
!
end
```

实验 4　配置 RSTP

【实验名称】

配置 RSTP。

【实验目的】

理解快速生成树协议 RSTP 的配置及原理。

【背景描述】

某学校为了开展计算机教学和网络办公，建立了一个计算机教室和一个校办公区，这两处的计算机网络通过两台交换机互联组成内部校园网，为了提高网络的可靠性，网络管理员用两条链路将交换机互联，现要在交换机上做适当配置，使网络避免环路。

本实验以两台二层交换机为例，两台交换机分别命名为 SwitchA 和 SwitchB。PC1 与 PC2 在同一个网段，假设 IP 地址分别为 192.168.0.137 和 192.168.0.136，网络掩码为 255.255.255.0。

【需求分析】

利用 STP 解决网络环路的问题时，在网络收敛时需要花费大概 30~50 秒的时间，在很多大型网络中，这个时间是难以忍受的，而 RSTP 很好的解决了这个问题，将收敛时间缩短到最快 1 秒以内。

【实验拓扑】

实验的拓扑图，如图 4-1 所示。

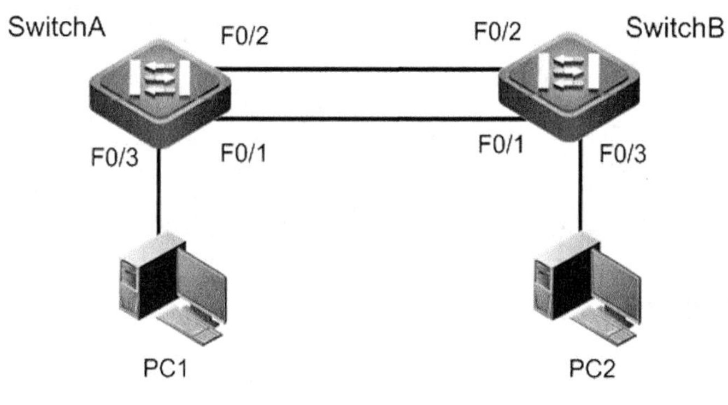

图 4-1

【实验设备】

交换机（软件版本为 RGNOS 10.1.00 及以上版本）2 台。

PC 机 2 台。

【预备知识】

交换机基本配置、RSTP 技术原理。

【实验原理】

生成树协议（spanning-tree）作用是在交换网络中提供冗余备份链路，并且解决交换网络中的环路问题。

生成树协议是利用 SPA 算法（生成树算法），在存在交换环路的网络中生成一个没有环路的树形网络。运用该算法将交换网络冗余的备份链路逻辑上断开，当主要链路出现故障时，能够自动地切换到备份链路，保证数据的正常转发。

生成树协议的特点是收敛时间长。从主要链路出现故障到切换到备份链路需要 50 秒的时间。

快速生成树协议（RSTP）在生成树协议的基础上增加了两种端口角色：替换端口（Alternate Port）和备份端口（Backup Port），分别作为根端口（Root Port）和指定端口（Designated Port）的冗余端口。当根端口或指定端口出现故障时，冗余端口不需要经过 50 秒的收敛时间，可以直接切换到替换端口或备份端口。从而实现 RSTP 协议小于 1 秒的快速收敛。

【实验步骤】

步骤 1　完成 VLAN 划分及 Trunk 配置。

```
SwitchA(config)#vlan 10
SwitchA(config-vlan)#name stu
SwitchA(config-vlan)#exit
SwitchA(config)#interface fastethernet0/3
SwitchA(config-if)#switchport access vlan 10
SwitchA(config-if)#exit
SwitchA(config)#interface range fastethernet 0/1-2
SwitchA(config-if-range)#switchport mode trunk

SwitchB(config)#vlan 10
SwitchB(config-vlan)#name stu
SwitchB(config-vlan)#exit
SwitchB(config)#interface fastethernet0/3
SwitchB(config-if)#switchport access vlan 10
SwitchB(config-if)#exit
SwitchB(config)#interface range fastethernet 0/1-2
SwitchB(config-if-range)#switchport mode trunk
```

步骤 2　配置快速生成树协议。

```
SwitchA#configure terminal
SwitchA(config)#spanning-tree
SwitchA(config)#spanning-tree mode rstp
！指定生成树协议的类型为 RSTP

SwitchB#configure terminal
SwitchB(config)#spanning-tree
SwitchB(config)#spanning-tree mode rstp
！指定生成树协议的类型为 RSTP
```

步骤 3　设置交换机的优先级，指定 SwitchA 为根交换机。

```
SwitchA(config)#spanning-tree priority 4096
! 设置交换机 SwithA 的优先级为 4096，使其成为根交换机
```

步骤 4　查看交换机及端口 STP 状态。

```
SwitchA#show spanning-tree

StpVersion : RSTP
SysStpStatus : Enabled
BaseNumPorts : 24
MaxAge : 20
HelloTime : 2
ForwardDelay : 15
BridgeMaxAge : 20
BridgeHelloTime : 2
BridgeForwardDelay : 15
MaxHops : 20
TxHoldCount : 3
PathCostMethod : Long
BPDUGuard : Disabled
BPDUFilter : Disabled
BridgeAddr : 00d0.f8ef.9e89
Priority : 4096
! 显示交换机的优先级
TimeSinceTopologyChange : 0d:0h:13m:43s
TopologyChanges : 0
DesignatedRoot : 200000D0F8EF9E89
RootCost : 0
RootPort : 0
```

从 show 命令的输出结果可以看到交换机 SwitchA 为根交换机。

```
SwitchB#show spanning-tree
StpVersion : RSTP
! 生成树协议的版本
SysStpStatus : Enabled
! 生成树协议的运行状态，Enable 为开启状态
BaseNumPorts : 24
MaxAge : 20
HelloTime : 2
ForwardDelay : 15
BridgeMaxAge : 20
BridgeHelloTime : 2
BridgeForwardDelay : 15
MaxHops : 20
TxHoldCount : 3
```

```
PathCostMethod : Long
BPDUGuard : Disabled
BPDUFilter : Disabled
BridgeAddr : 00d0.f8e0.9c81
Priority : 32768
! 显示交换机的优先级
TimeSinceTopologyChange : 0d:0h:11m:39s
TopologyChanges : 0
DesignatedRoot : 100000D0F8EF9E89
RootCost : 200000
! 交换机到达根交换机的开销
RootPort : Fa0/1
```

从 show 命令输出结果可以看到交换机 SwitchB 为非根交换机，根端口为 F0/1。

```
查看交换机 SwitchB 的端口 1 和端口 2 的状态。
SwitchB#show spanning-tree interface fastEthernet 0/1
PortAdminPortfast : Disabled
PortOperPortfast : Disabled
PortAdminLinkType : auto
PortOperLinkType : point-to-point
PortBPDUGuard: Disabled
PortBPDUFilter: Disabled
PortState : forwarding
! SwitchB 的端口 fastEthernet 0/1 处于转发状态
PortPriority : 128
PortDesignatedRoot : 200000D0F8EF9E89
PortDesignatedCost : 0
PortDesignatedBridge : 200000D0F8EF9E89
PortDesignatedPort : 8001
PortForwardTransitions : 3
PortAdminPathCost : 0
PortOperPathCost : 200000
PortRole : rootPort
! 显示端口角色为根端口
```

上述 show 命令输出结果显示交换机 SwitchB 的端口 F0/1 角色为根端口，处于转发状态。

```
SwitchB#show spanning-tree interface fastEthernet 0/2
! 显示 SwitchB 的端口 fastthernet 0/ 2 的状态
PortAdminPortfast : Disabled
PortOperPortfast : Disabled
PortAdminLinkType : auto
PortOperLinkType : point-to-point
PortBPDUGuard: Disabled
PortBPDUFilter: Disabled
```

```
PortState : discarding
! SwitchB 的端口 fastEthernet 0/2 处于阻塞状态
PortPriority : 128
PortDesignatedRoot : 200000D0F8EF9E89
PortDesignatedCost : 200000
PortDesignatedBridge : 800000D0F8EF9D09
PortDesignatedPort : 8002
PortForwardTransitions : 3
PortAdminPathCost : 0
PortOperPathCost : 200000
PortRole : alternatePort
! SwitchB 的 F0/2 端口为根端口的替换端口
```

上述 show 命令输出结果显示交换机 SwitchB 的端口 F0/2 角色为替换端口，状态为阻塞状态。

步骤 5　验证测试。

如果 SwitchA 与 SwitchB 之间的一条链路 down 掉（如拔掉网线），验证交换机 PC1 与 PC2 仍能互相 ping 通，并观察 ping 的丢包情况。

图 4-2 为从 PC1 ping PC2 的结果（注：PC1 的 IP 地址为 192.168.0.137，PC2 的 IP 地址为 192.168.0.136）。

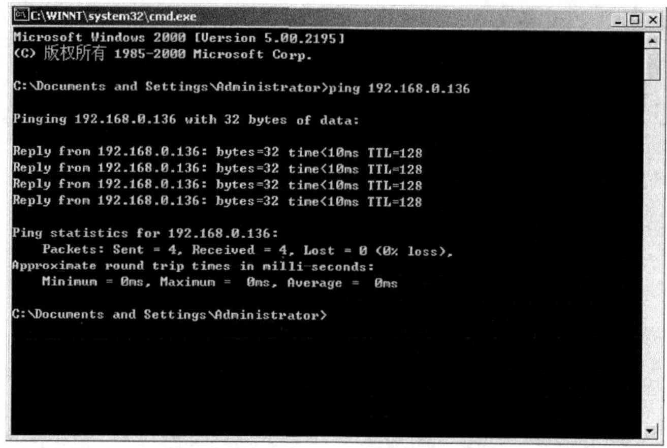

```
C:\WINNT\system32\cmd.exe
Microsoft Windows 2000 [Version 5.00.2195]
(C) 版权所有 1985-2000 Microsoft Corp.

C:\Documents and Settings\Administrator>ping 192.168.0.136

Pinging 192.168.0.136 with 32 bytes of data:

Reply from 192.168.0.136: bytes=32 time<10ms TTL=128
Reply from 192.168.0.136: bytes=32 time<10ms TTL=128
Reply from 192.168.0.136: bytes=32 time<10ms TTL=128
Reply from 192.168.0.136: bytes=32 time<10ms TTL=128

Ping statistics for 192.168.0.136:
    Packets: Sent = 4, Received = 4, Lost = 0 (0% loss),
Approximate round trip times in milli-seconds:
    Minimum = 0ms, Maximum =  0ms, Average =  0ms

C:\Documents and Settings\Administrator>
```

图 4-2

C:\>ping 192.168.0.136 –t　！从主机 PC1 ping PC2（用连续 ping），然后拔掉 SwitchA 与 SwitchB 的端口 F0/1 之间的连线，观察丢包情况。显示结果如图。

```
Reply from 192.168.0.136: bytes=32 time<10ms TTL=128
Reply from 192.168.0.136: bytes=32 time<10ms TTL=128
Reply from 192.168.0.136: bytes=32 time<10ms TTL=128
Reply from 192.168.0.136: bytes=32 time<10ms TTL=128
Reply from 192.168.0.136: bytes=32 time<10ms TTL=128
Request timed out.
Reply from 192.168.0.136: bytes=32 time<10ms TTL=128
Reply from 192.168.0.136: bytes=32 time<10ms TTL=128
Reply from 192.168.0.136: bytes=32 time<10ms TTL=128
Reply from 192.168.0.136: bytes=32 time<10ms TTL=128
Reply from 192.168.0.136: bytes=32 time<10ms TTL=128
```

图 4-3

以上结果显示丢包数为一个。

【注意事项】

- ❑ 实验时一定要先启用生成树，后连拓扑。
- ❑ 锐捷交换机缺省是关闭 spanning-tree 的，如果网络在物理上存在环路，则必须手工开启 spanning-tree。
- ❑ 锐捷全系列的交换机默认生成树版本为 MSTP 协议，在配置时注意配置生成树协议的版本。

【参考配置】

```
SwitchA#show  running-config
Building configuration...
Current configuration : 123 bytes
!
hostname SwitchA
!
Vlan 1
!
Vlan 10
Name stu
!
spanning-tree mode rstp
spanning-tree
spanning-tree mst 0 priority 4096
!
interface FastEthernet 0/1
 switchport mode trunk
!
interface FastEthernet 0/2
 switchport mode trunk
!
interface FastEthernet 0/3
 switchport access vlan 10
!
end

SwitchB#show running-config
Building configuration...
Current configuration : 86 bytes
!
!
hostname SwitchB
Vlan 1
!
Vlan 10
Name stu
!
spanning-tree mode rstp
spanning-tree
!
interface FastEthernet 0/1
 switchport mode trunk
!
interface FastEthernet 0/2
 switchport mode trunk
!
interface FastEthernet 0/3
 switchport access vlan 10
!
End
```

实验 5　配置 MSTP

【实验名称】

配置 MSTP。

【实验目的】

在接入层和分布层交换机上配置 MSTP 并进行验证。

【背景描述】

某企业网络管理员认识到，传统的生成树协议(STP)是基于整个交换网络产生一个树形拓扑结构，所有的 VLANs 都共享一个生成树，这种结构不能进行网络流量的负载均衡，使得有些交换设备比较繁忙，而另一些交换设备又很空闲，为了克服这个问题，他决定采用基于 VLAN 的多生成树协议 MSTP，现要在交换机上做适当配置来完成这一任务。

本实验采用 4 台交换机设备，PC1 和 PC3 在 VLAN10 中，IP 地址分别为 172.16.1.10/24 和 172.16.1.30/24，PC2 在 VLAN 20 中，PC4 在 VLAN 40 中。

【需求分析】

利用 MSTP 除了可以实现网络中的冗余链路外，还能够在实现网络冗余和可靠性的同时实现负载均衡（分担）。

【实验拓扑】

实验的拓扑图，如图 5-1 所示。

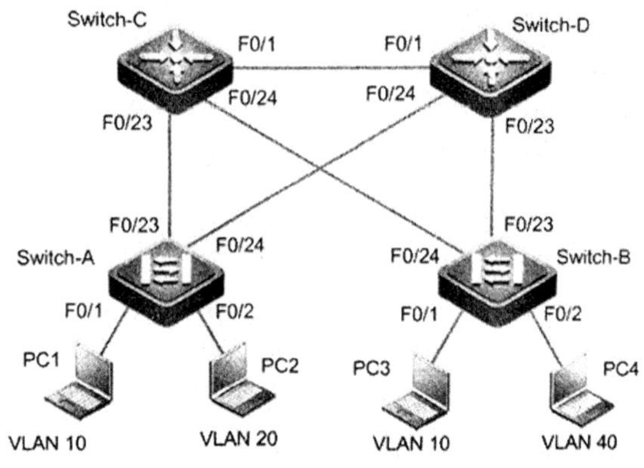

图 5-1

【实验设备】

二层交换机（软件版本为 version 1.68 及以上版本）2 台。

三层交换机（软件版本为 RGNOS10.1.00 及以上版）2 台。

【预备知识】

交换机基本配置、MSTP 技术原理。

【实验原理】

MSTP 技术可以认为是 STP 和 RSTP 技术升级版本，除了保留低级版本的特性外，MSTP 考虑到网络中 VLAN 技术的使用，引入了实例和域的概念。实例为 VLAN 的组合，这样可以针对一个或多个 VLAN 进行生成树运算，从而不会阻断网络中应保留的链路，同时也可以让各实例的数据经由不同路径得以转发，实现网络中的负载分担。

【实验步骤】

步骤 1　在交换机 Switch-A 上划分 VLAN 并配置 Trunk。

```
Switch-A(config)#spanning-tree
Switch-A(config)#spanning-tree mode mstp
！配置生成树模式为 MSTP
Switch-A(config)#vlan 10
Switch-A(config-vlan)#vlan 20
Switch-A(config-vlan)#vlan 40
Switch-A(config-vlan)#exit
Switch-A(config)#interface fastethernet 0/1
Switch-A(config-if)#switchport access vlan 10
Switch-A(config-if)#exit
Switch-A(config)#interface fastethernet 0/2
Switch-A(config-if)#switchport access vlan 20
Switch-A(config-if)#exit
Switch-A(config)#interface fastethernet 0/23
Switch-A(config-if)#switchport mode trunk
Switch-A(config-if)#exit
Switch-A(config)#interface fastethernet 0/24
Switch-A(config-if)#switchport mode trunk
Switch-A(config-if)#exit
```

步骤 2　在交换机 Switch-B 上划分 VLAN 配置 Trunk。

```
Switch-B(config)#spanning-tree
Switch-B (config)#spanning-tree mode mstp
！配置生成树模式为 MSTP
Switch-B(config)#vlan 10
Switch-B(config-vlan)#vlan 20
Switch-B(config-vlan)#vlan 40
Switch-B(config-vlan)#exit
Switch-B(config)#interface fastethernet 0/1
Switch-B(config-if)#switchport access vlan 10
Switch-B(config-if)#exit
Switch-B(config)#interface fastethernet 0/2
Switch-B(config-if)#switchport access vlan 40
Switch-B(config-if)#exit
Switch-B(config)#interface fastethernet 0/23
```

```
Switch-B(config-if)#switchport mode trunk
Switch-B(config-if)#exit
Switch-B(config)#interface fastethernet 0/24
Switch-B(config-if)#switchport mode trunk
Switch-B(config-if)#exit
```

步骤 3　在交换机 Switch-C 上划分 VLAN 配置 Trunk。

```
Switch-C(config)#spanning-tree
Switch-C (config)#spanning-tree mode mstp
Switch-C(config)#vlan 10
Switch-C(config-vlan)#vlan 20
Switch-C(config-vlan)#vlan 40
Switch-B(config-vlan)#exit
Switch-C(config)#interface fastethernet 0/1
Switch-C(config-if)#switchport mode trunk
Switch-C(config-if)#exit
Switch-C(config)#interface fastethernet 0/23
Switch-C(config-if)#switchport mode trunk
Switch-C(config-if)#exit
Switch-C(config)#interface fastethernet 0/24
Switch-C(config-if)#switchport mode trunk
Switch-C(config-if)#exit
```

步骤 4　在交换机 Switch-D 上划分 VLAN 配置 Trunk。

```
Switch-D(config)#spanning-tree
Switch-D (config)#spanning-tree mode mstp
Switch-D(config)#vlan 10
Switch-D(config-vlan)#vlan 20
Switch-D(config-vlan)#vlan 40
Switch-D(config-vlan)#exit
Switch-D(config)#interface fastethernet 0/1
Switch-D(config-if)#switchport mode trunk
Switch-D(config-if)#exit
Switch-D(config)#interface fastethernet 0/23
Switch-D(config-if)#switchport mode trunk
Switch-D(config-if)#exit
Switch-D(config)#interface fastethernet 0/24
Switch-D(config-if)#switchport mode trunk
Switch-D(config-if)#exit
```

步骤 5　在交换机 Switch-A 上配置 MSTP。

```
Switch-A(config)#spanning-tree mst configuration
! 进入 MSTP 配置模式
Switch-A(config-mst)#instance 1 vlan 1,10
! 配置 instance 1（实例 1）并关联 Vlan 1 和 10
```

```
Switch-A(config-mst)#instance 2 vlan 20,40
！配置实例 2 并关联 Vlan 20 和 40
Switch-A(config-mst)#name region1
！配置域名称
Switch-A(config-mst)#revision 1
！配置修订号
```

验证测试：验证 MSTP 配置。

```
Switch-A#show spanning-tree mst configuration
Multi spanning tree protocol : Enabled
Name      : region1
Revision : 1
Instance  Vlans Mapped
--------  ------------------------------------------------------------
0         2-9,11-19,21- 39,41- 4094
1         1,10
2         20,40
```

步骤 6　在交换机 Switch-B 上配置 MSTP。

```
Switch-B(config)#spanning-tree mst configuration
！进入 MSTP 配置模式
Switch-B(config-mst)#instance 1 vlan 1,10
！配置 instance 1（实例 1）并关联 Vlan 1 和 10
Switch-B(config-mst)#instance 2 vlan 20,40
！配置实例 2 并关联 Vlan 20 和 40
Switch-B(config-mst)#name region1
！配置域名称
Switch-B(config-mst)#revision 1
！配置修订号
```

验证测试：验证 MSTP 配置。

```
Switch-B#show spanning-tree mst configuration
Multi spanning tree protocol : Enabled
Name      : region1
Revision : 1
Instance  Vlans Mapped
--------  ------------------------------------------------------------
0         2-9,11-19,21-39,41-4094
1         1,10
2         20,40
```

步骤 7　在交换机 Switch-C 上配置 MSTP。

```
Switch-C (config)#spanning-tree mst 1 priority 4096
！配置交换机 Switch-C 在 instance 1 中的优先级为 4096，使其成为 instance 1 中的根
Switch-C (config)#spanning-tree mst configuration
！进入 MSTP 配置模式
```

```
Switch-C (config-mst)#instance 1 vlan 1,10
! 配置实例 1 并关联 Vlan 1 和 10
Switch-C (config-mst)#instance 2 vlan 20,40
! 配置实例 2 并关联 Vlan 20 和 40
Switch-C (config-mst)#name region1
! 配置域名为 region1
Switch-C (config-mst)#revision 1
! 配置修订号
```

验证测试：验证 MSTP 配置。

```
Switch-C#show spanning-tree mst configuration
Multi spanning tree protocol : Enabled
Name      : region1
Revision : 1
Instance  Vlans Mapped
--------  ------------------------------------------------------------
0         2-9,11-19,21-39,41-4094
1         1,10
2         20,40
```

步骤 8　在交换机 Switch-D 上配置 MSTP。

```
Switch-D(config)#spanning-tree mst 2 priority 4096
! 配置交换机 Switch-D 在 instance 2 中的优先级为 4096，使其在 instance2 中成为根
Switch-D(config)#spanning-tree mst configuration
! 进入 MSTP 配置模式
Switch-D(config-mst)#instance 1 vlan 1,10
! 配置实例 1 并关联 Vlan 1 和 10
Switch-D(config-mst)#instance 2 vlan 20,40
! 配置实例 2 并关联 Vlan 20 和 40
Switch-D(config-mst)#name region1
! 配置域名为 region1
Switch-D(config-mst)#revision 1
! 配置修订号
```

验证测试：验证 MSTP 配置。

```
Switch-D#show spanning-tree mst configuration
Multi spanning tree protocol : Enabled
Name      : region1
Revision : 1
Instance  Vlans Mapped
--------  ------------------------------------------------------------
0         2-9,11-19,21-39,41-4094
1         1,10
2         20,40
```

步骤 9　查看交换机 MSTP 选举结果。

```
Switch-C#show spanning-tree mst 1
MST 1 vlans mapped : 1,10
BridgeAddr : 00d0.f8ff.4e3f
Priority : 4096
TimeSinceTopologyChange : 0d:7h:21m:17s
TopologyChanges : 0
DesignatedRoot : 100100D0F8FF4E3F
! Switch-C 是 instance 1 的生成树的根
RootCost : 0
RootPort : 0
```

从上述 show 命令输出结果可以看出交换机 Switch-C 为实例 1 中的根交换机。

```
Switch-D#show spanning-tree mst 2
MST 2 vlans mapped : 20,40
BridgeAddr : 00d0.f8ff.4662
Priority : 4096
TimeSinceTopologyChange : 0d:7h:31m:0s
TopologyChanges : 0
DesignatedRoot : 100200D0F8FF4662
! Switch-D 是 instance 2 的生成树的根
RootCost : 0
RootPort : 0
```

从上述 show 命令输出结果可以看出交换机 Switch-D 为实例 2 中的根交换机。

```
Switch-A#show spanning-tree mst 1
MST 1 vlans mapped : 1,10
BridgeAddr : 00d0.f8fe.1e49
Priority : 32768
TimeSinceTopologyChange : 7d:3h:19m:31s
TopologyChanges : 0
DesignatedRoot : 100100D0F8FF4E3F
! 实例 1 的生成树的根交换机是 Switch-C
RootCost : 200000
RootPort : Fa0/23
```

从上述 show 命令输出结果可以看出，在实例 1 中，交换机 Switch-A 的端口 F0/23 端口为根端口，因此 VLAN1 和 VLAN10 的数据经端口 F0/23 转发。

```
Switch-A#show spanning-tree mst 2
MST 2 vlans mapped : 20,40
BridgeAddr : 00d0.f8fe.1e49
Priority : 32768
TimeSinceTopologyChange : 7d:3h:19m:31s
TopologyChanges : 0
DesignatedRoot : 100200D0F8FF4662
! 实例 2 的生成树的根交换机是 Switch-D
```

```
RootCost : 200000
RootPort : Fa0/24
```

从上述 show 命令输出结果可以看出，在实例 2 中，交换机 Switch-A 的端口 F0/24 端口为根端口，因此 VLAN20 和 VLAN40 的数据包经端口 F0/24 转发。

【注意事项】

对规模很大的交换网络可以划分多个域（region），在每个域里可以创建多个 instance（实例）。

划分在同一个域里的各台交换机需配置相同的域名（name）、相同的修订号（revision number）、相同的 instance-vlan 对应表。

交换机可以支持 65 个 MSTP instance，其中实例 0 是缺省实例，是强制存在的，其他实例可以创建和删除。

将整个 spanning-tree 恢复为缺省状态用命令 spanning-tree reset。

【参考配置】

```
Switch-A#show running-config
Building configuration...
Current configuration : 583 bytes
!
hostname Switch-A
!
spanning-tree
spanning-tree mst configuration
  instance 1 vlan 1,10
instance 2 vlan 20,40
  name region1
  revision 1
!
interface fastEthernet 0/1
 switchport access vlan 10
!
interface fastEthernet 0/2
 switchport access vlan 20
!
interface fastEthernet 0/23
switchport mode trunk
!
interface fastEthernet 0/24
 switchport mode trunk
!
end
```

```
Switch-B#show running-config
Building configuration...
Current configuration : 583 bytes
```

```
!
!
hostname Switch-B
!
spanning-tree
spanning-tree mst configuration
  instance 1 vlan 1,10
instance 2 vlan 20,40
  name region1
  revision 1
!
interface fastEthernet 0/1
 switchport access vlan 10
!
interface fastEthernet 0/2
 switchport access vlan 40
!
interface fastEthernet 0/23
switchport mode trunk
!
interface fastEthernet 0/24
 switchport mode trunk
!
end
Switch-C#show running-config
Building configuration...
Current configuration : 546 bytes
!
!
hostname Switch-C
!
  spanning-tree
  spanning-tree mst configuration
  instance 1 vlan 1,10
instance 2 vlan 20,40
  name region1
  revision 1
!
spanning-tree mst 1 priority 4096
interface FastEthernet 0/1
 switchport mode trunk
!
```

```
interface FastEthernet 0/23
 switchport mode trunk
!
interface FastEthernet 0/24
 switchport mode trunk
!
end
Switch-D#show running-config
Building configuration...
Current configuration : 546 bytes
!
hostname Switch-D
!
  spanning-tree
  spanning-tree mst configuration
  instance 1 vlan 1,10
instance 2 vlan 20,40
  name region1
  revision 1
!
  spanning-tree mst 2 priority 4096
interface FastEthernet 0/1
 switchport mode trunk
!
interface FastEthernet 0/23
 switchport mode trunk
!
interface FastEthernet 0/24
 switchport mode trunk
!
end
```

实验 6　配置 VRRP 单备份组

【实验名称】

配置 VRRP 单备份组。

【实验目的】

配置 VRRP 单备份组，实现 VRRP 的冗余备份模式。

【背景描述】

某集团公司其总部在北京，其分公司在上海，分公司和总部之间通过一条线路连接，在总部和分公司间运行 OSPF，在使用网络过程中经常出现由于线路故障导致网络中断的情况，为了实现分公司与总公司之间的高可用性，所以希望在分公司的网络中通过配置 VRRP，实现通过两条线路连接到总公司，两条线路互为备份。

【需求分析】

要解决分公司采用单条链路接入到总部容易出现单点故障的问题，可以采用多条线路接入总部网络，同时在分公司的出口路由器上运行 VRRP，使两条线路互为备份，故障时自动切换。

【实验拓扑】

实验的拓扑图，如图 6-1 所示。

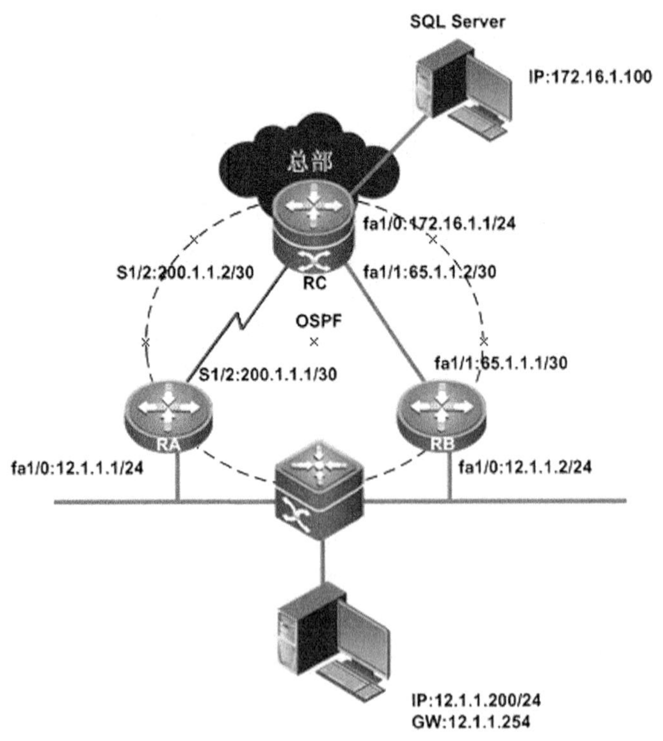

图 6-1

【实验设备】

路由器（软件版本为 RGNOS 10.1.00 及以上版本）3 台。

交换机（软件版本为 RGNOS 10.1.00 及以上版）1 台。

PC 机 2 台。

【预备知识】

路由器基本配置知识、OSPF 基本配置、VRRP 工作原理。

【实验原理】

VRRP 技术是解决网络中主机配置单网关容易出现单点故障问题的一项技术，通过将多台路由器配置到一个 VRRP 组中，每一个 VRRP 组虚拟出一台虚拟路由器，作为网络中主机的网关。一个 VRRP 组中，所有真实路由器选举出来一台优先级最高的路由器作为主路由器。虚拟路由器的转发工作由主路由器承担。当主路由器因故障宕机时，备份路由器成为主路由器，承担虚拟路由器的转发工作，从而保证网络的稳定性。

【实验步骤】

步骤 1　在路由器上配置 IP 地址。

```
RA#config terminal
RA(config)#interface serial 1/2
RA(config-if)#ip address 200.1.1.1 255.255.255.252
RA(config-if)#exit
RA(config) #interface FastEthernet 1/0
RA(config-if)#ip address 12.1.1.1 255.255.255.0
RA(config-if)#exit

RB#config terminal
RB(config)#interface FastEthernet 1/0
RB(config-if)#ip address 12.1.1.2 255.255.255.0
RB(config-if)#exit
RB(config)#interface FastEthernet 1/1
RB(config-if)#ip address 65.1.1.1 255.255.255.252
RB(config-if)#exit

RC#config terminal
RC(config)#interface serial 1/2
RC(config-if)#ip address 200.1.1.2 255.255.255.252
RC(config-if)#clock rate 64000
RC(config-if)#exit
RC(config)#interface FastEthernet 1/1
RC(config-if)#ip address 65.1.1.2 255.255.255.252
RC(config-if)#exit
RC(config)#interface FastEthernet 1/0
RC(config-if)#ip address 172.16.1.1 255.255.255.0
RC(config-if)#exit
```

步骤 2　配置 OSPF。

```
RA(config)#router ospf
RA(config-router)#network 12.1.1.0 0.0.0.255 area 0.0.0.0
RA(config-router)#network 200.1.1.0 0.0.0.3 area 0.0.0.0

RB(config)#router ospf
RB(config-router)#network 12.1.1.0 0.0.0.255 area 0.0.0.0
RB(config-router)#network 65.1.1.0 0.0.0.3 area 0.0.0.0

RC(config)#router ospf
RC(config-router)#network 65.1.1.0 0.0.0.3 area 0.0.0.0
RC(config-router)#network 172.16.1.0 0.0.0.255 area 0.0.0.0
RC(config-router)#network 200.1.1.0 0.0.0.3 area 0.0.0.0
```

步骤 3　配置 VRRP。

```
RA(config)#interface FastEthernet 1/0
RA(config-if)#vrrp 32 ip 12.1.1.254
RA(config-if)#vrrp 32 priority 120
！将 RA 在 VRRP 组 32 中的优先级配置为较高的 120，从而能够成为 Master 路由器
RA(config-if)#vrrp 32 track serial 1/2 30
！设置 RA 在 VRRP 组 32 中对端口 serial 1/2 进行监控，当监控的端口状态为 DOWN 时，路由器优先级降低 30

RB(config)#interface FastEthernet 1/0
RB(config-if)#vrrp 32 ip 12.1.1.254
```

步骤 4　验证测试。

使用 show vrrp brief 来验证配置。

```
RA#show vrrp brief
Interface          Grp  Pri  Time  Own  Pre  State   Master addr     Group addr
FastEthernet 1/0   32   120  -     -    P    Master  12.1.1.1        12.1.1.254
```

从 show 命令的输出结果可以看到，RA 路由器在 VRRP 组 32 中，优先级为 120，状态为 Master 路由器。

在 RC 接口 s1/2 上用 shutdown 命令关闭该接口。

```
RC(config)#interface serial 1/2
RC(config-if)#shutdown
RA(config)#
%LINK CHANGED: Interface serial 1/2, changed state to down
%LINE PROTOCOL CHANGE: Interface serial 1/2, changed state to DOWN
```

用 show vrrp brief 验证配置。

```
RA#show ip interface brief
Interface                      IP-Address(Pri)     OK?      Status
serial 1/2                     200.1.1.1/30        YES      DOWN
serial 1/3                     no address          YES      DOWN
FastEthernet 1/0               12.1.1.1/24         YES      UP
```

```
FastEthernet 1/1                no address          YES      DOWN
Null 0                        no address          YES      UP
RA#show vrrp brief
Interface          Grp Pri Time Own Pre State Master addr Group addr
FastEthernet 1/0  32  90     -     -   P  Backup  12.1.1.2      12.1.1.254
```

从 show 命令输出结果可以看到，当监控端口状态变为 DOWN 时，路由器 RA 在 VRRP 组 32 中，优先级为 90，状态为 Backup 路由器。

【注意事项】

无。

【参考配置】

```
RA#show running-config
Building configuration...
Current configuration : 653 bytes
!
hostname RA
!
no service password-encryption
!
interface serial 1/2
 ip address 200.1.1.1 255.255.255.252
!
interface FastEthernet 1/0
 vrrp 32 priority 120
 vrrp 32 ip 12.1.1.254
 vrrp 32 track serial 1/2 30
 ip address 12.1.1.1 255.255.255.0
!
router ospf
 network 12.1.1.0 0.0.0.255 area 0.0.0.0
 network 200.1.1.0 0.0.0.3 area 0.0.0.0
!
line con 0
line aux 0
line vty 0 4
 login
!
end

RB#show running-config

Building configuration...
Current configuration : 616 bytes

!
hostname RB
!
```

```
no service password-encryption
!
interface FastEthernet 1/0
 vrrp 32 ip 12.1.1.254
 ip address 12.1.1.2 255.255.255.0
!
interface FastEthernet 1/1
 ip address 65.1.1.1 255.255.255.252
!
router ospf
 network 12.1.1.0 0.0.0.255 area 0.0.0.0
 network 65.1.1.0 0.0.0.3 area 0.0.0.0
!
line con 0
line aux 0
line vty 0 4
 login
!
end

RC#show running-config

Building configuration...
Current configuration : 729 bytes
!
version 8.4 (building 15)
hostname RC
!
no service password-encryption
!
interface serial 1/2
 ip address 200.1.1.2 255.255.255.252
 clock rate 64000
!
interface FastEthernet 1/1
 ip address 65.1.1.2 255.255.255.252
!
interface FastEthernet 1/0
 ip address 172.16.1.1 255.255.255.0
!
router ospf
 network 65.1.1.0 0.0.0.3 area 0.0.0.0
 network 172.16.1.0 0.0.0.255 area 0.0.0.0
 network 200.1.1.0 0.0.0.3 area 0.0.0.0
!
line con 0
line vty 0 4
 login
!
End
```

实验 7　配置 VRRP 多备份组

【实验名称】

配置 VRRP 多备份组。

【实验目的】

配置 VRRP 多备份组，实现 VRRP 的负载均衡模式。

【背景描述】

某集团公司其总部在北京，其分公司在上海，为了实现分公司与总公司之间的高可用性，所以在分公司的网络中考虑配置 VRRP，实现通过两条线路连接到总公司，两条线路互为备份。在做方案时考虑，如果配置 VRRP 单备份组，那么会导致备份线路闲置无法使用，造成浪费，因此考虑采用 VRRP 多备份组的方案，两条线路互为备份，并且同时都转发数据。

【需求分析】

采用 VRRP 技术可以实现分公司双链路接入总部，解决单点故障的问题。对于备份线路闲置导致浪费的问题，可以通过 VRRP 多备份组技术解决，将路由器配置到多个 VRRP 组中，并且在不同的 VRRP 中担任不同的角色，从而保证接入线路上的路由器都能够承担转发任务。

【实验拓扑】

实验的拓扑图，如图 7-1 所示。

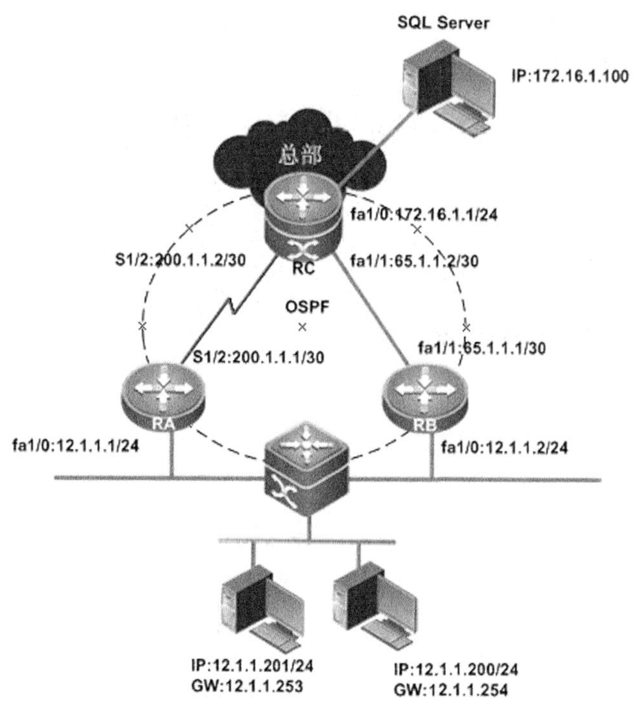

图 7-1

【实验设备】

路由器（软件版本为 RGNOS 10.1.00 及以上版本）3 台。

交换机（软件版本为 RGNOS 10.1.00 及以上版本）1 台。

PC 机 2 台。

【预备知识】

路由器基本配置知识、OSPF 基本配置、VRRP 工作原理。

【实验原理】

建立多个 VRRP 备份组，将路由器配置到多个 VRRP 组中，并且在不同的 VRRP 组中承担不同的角色。这样，不同的路由器在不同的 VRRP 组中都会承担本 VRRP 组中的转发任务，不会出现设备或线路闲置的情况，同时两条线路也能互为备份。

【实验步骤】

步骤 1　在路由器上配置 IP 地址。

```
RA#config terminal
RA(config)#interface serial 1/2
RA(config-if)#ip address 200.1.1.1 255.255.255.252
RA(config-if)#exit
RA(config) #interface FastEthernet 1/0
RA(config-if)#ip address 12.1.1.1 255.255.255.0
RA(config-if)#exit

RB#config terminal
RB(config)#interface FastEthernet 1/0
RB(config-if)#ip address 12.1.1.2 255.255.255.0
RB(config-if)#exit
RB(config)#interface FastEthernet 1/1
RB(config-if)#ip address 65.1.1.1 255.255.255.252
RB(config-if)#exit

RC#config terminal
RC(config)#interface serial 1/2
RC(config-if)#ip address 200.1.1.2 255.255.255.252
RC(config-if)#clock rate 64000
RC(config-if)#exit
RC(config)#interface FastEthernet 1/1
RC(config-if)#ip address 65.1.1.2 255.255.255.252
RC(config-if)#exit
RC(config)#interface FastEthernet 1/0
RC(config-if)#ip address 172.16.1.1 255.255.255.0
RC(config-if)#exit
```

步骤 2　配置 OSPF。

```
RA(config)#router ospf
RA(config-router)#network 12.1.1.0 0.0.0.255 area 0.0.0.0
RA(config-router)#network 200.1.1.0 0.0.0.3 area 0.0.0.0
```

```
RB(config)#router ospf
RB(config-router)#network 12.1.1.0 0.0.0.255 area 0.0.0.0
RB(config-router)#network 65.1.1.0 0.0.0.3 area 0.0.0.0
RC(config)#router ospf
RC(config-router)#network 65.1.1.0 0.0.0.3 area 0.0.0.0
RC(config-router)#network 172.16.1.0 0.0.0.255 area 0.0.0.0
RC(config-router)#network 200.1.1.0 0.0.0.3 area 0.0.0.0
```

步骤 3　配置 VRRP。

```
RA(config)#interface FastEthernet 1/0
RA(config-if)#vrrp 32 ip 12.1.1.254
RA(config-if)#vrrp 32 priority 120
！将路由器 RA 在 VRRP 组 32 中优先级配置 120，成为 Master 路由器
 (config-if)#vrrp 32 track serial 1/2 30
！配置路由器 RA 在 VRRP 组 32 中监控 serial 1/2 端口，当端口状态转为 DOWN 时，RA 在 VRRP 组 32 中优先级降低 30
RA(config-if)#vrrp 33 ip 12.1.1.253
！将路由器 RA 配置为 VRRP 组 33 中的路由器
RB(config)#interface FastEthernet 1/0
RB(config-if)#vrrp 32 ip 12.1.1.254
！将路由器 RB 配置为 VRRP 组 32 中的路由器
RB(config-if)#vrrp 33 priority 120
！将路由器 RB 配置为 VRRP 组 33 中的路由器，优先级为 120
RB(config-if)#vrrp 33 ip 12.1.1.253
RB(config-if)#vrrp 33 track FastEthernet 1/1 30
```

步骤 4　验证测试。

使用 show vrrp brief 来验证配置。

```
RA#show vrrp brief
Interface          Grp Pri Time  Own Pre State    Master addr     Group addr
FastEthernet 1/0   32 120  -     -   P   Master   12.1.1.1        12.1.1.254
FastEthernet 1/0   33 100  -     -   P   Backup   12.1.1.2        12.1.1.253
```

从 show 命令输出结果可以看出，路由器 RA 在 VRRP 组 32 中角色为 Master 路由器，在 VRRP 组 33 中角色为 Backup 路由器。

【注意事项】

在 VRRP 多组中，需要为不同的客户端配置不同的网关地址，以达到负载分担的目的。

【参考配置】

```
RA#show running-config
Building configuration...
Current configuration : 653 bytes
!
hostname RA
```

```
!
no service password-encryption
!
interface serial 1/2
 ip address 200.1.1.1 255.255.255.252
!
interface FastEthernet 1/0
 vrrp 32 priority 120
 vrrp 32 ip 12.1.1.254
 vrrp 32 track serial 1/2 30
vrrp 33 ip 12.1.1.253
 ip address 12.1.1.1 255.255.255.0
!
router ospf
 network 12.1.1.0 0.0.0.255 area 0.0.0.0
 network 200.1.1.0 0.0.0.3 area 0.0.0.0
!
line con 0
line aux 0
line vty 0 4
 login
!
end

RB#show running-config

Building configuration...
Current configuration : 616 bytes

!
hostname RB
!
no service password-encryption
!
interface FastEthernet 1/0
 vrrp 32 ip 12.1.1.254
vrrp 33 priority 120
 vrrp 33 ip 12.1.1.253
 vrrp 33 track FastEthernet 1/1 30
 ip address 12.1.1.2 255.255.255.0
!
interface FastEthernet 1/1
 ip address 65.1.1.1 255.255.255.252
```

```
!
router ospf
 network 12.1.1.0 0.0.0.255 area 0.0.0.0
 network 65.1.1.0 0.0.0.3 area 0.0.0.0
!
line con 0
line aux 0
line vty 0 4
 login
!
end
```

RC#show running-config

```
Building configuration...
Current configuration : 729 bytes
!
hostname RC
!
no service password-encryption
!
interface serial 1/2
 ip address 200.1.1.2 255.255.255.252
 clock rate 64000
!
interface FastEthernet 1/1
 ip ospf cost 50
 ip address 65.1.1.2 255.255.255.252
!
interface FastEthernet 1/0
 ip address 172.16.1.1 255.255.255.0
!
router ospf
 network 65.1.1.0 0.0.0.3 area 0.0.0.0
 network 172.16.1.0 0.0.0.255 area 0.0.0.0
 network 200.1.1.0 0.0.0.3 area 0.0.0.0
!
line con 0
line aux 0
line vty 0 4
 login
!
End
```

实验 8　配置基于 SVI 的 VRRP 备份组

【实验名称】

配置基于 SVI 的 VRRP 备份组。

【实验目的】

配置基于 SVI 的 VRRP 多备份组实验，实现 VRRP 的负载均衡模式。

【背景描述】

某集团公司其汇聚层采用两台 RG-S3760 交换机，接入层采用两台 RG-S2126G 交换机。其内网有 4 个 VLAN，为了提高网络的稳定性，要求各 VLAN 网段都具有网关冗余性，因此考虑在汇聚层交换机上配置 VRRP 备份组实现。

【需求分析】

网络中要求各 VLAN 都具有网关冗余性，因此针对不同的 VLAN 建立多个 VRRP 备份组，需要实现各 VLAN 网段的网关冗余以及负载均衡。

【实验拓扑】

实验的拓扑图，如图 8-1 所示。

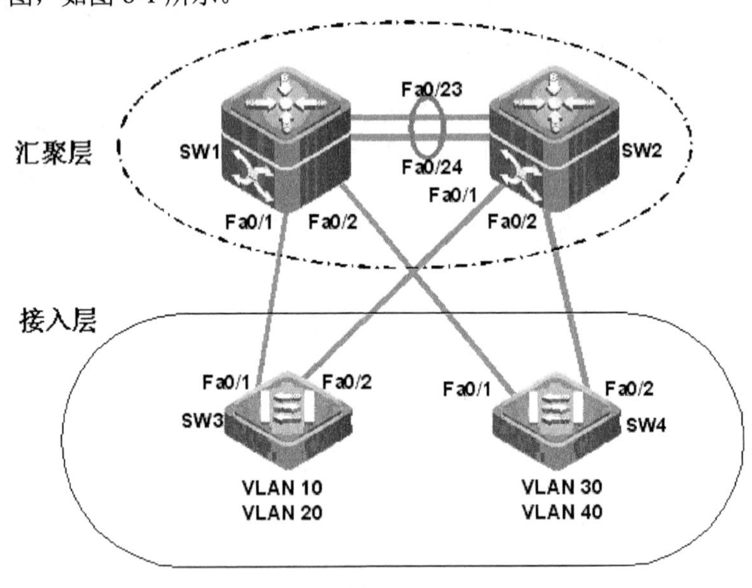

图 8-1

【实验设备】

二层交换机（软件版本为 version 1.68 及以上版本）2 台。

三层交换机（软件版本为 RGNOS 10.1.00 及以上版本）2 台。

【预备知识】

VLAN 技术、链路聚合技术、VRRP 工作原理。

【实验原理】

通过基于 VLAN 建立不同的 VRRP 组，将三层交换机划分到各 VRRP 组中，同一台三层交换机在不同的 VRRP 组中承担不同的角色，使得所有的三层交换机都承担数据转发任务。

【实验步骤】

步骤 1　在交换机上创建 VLAN 并配置 IP 地址。

```
SW1#config terminal
SW1 (config)#VLAN 10
SW1 (config-vlan)#exit
SW1 (config)#VLAN 20
SW1 (config-vlan)#exit
SW1 (config)#VLAN 30
SW1 (config-vlan)#exit
SW1 (config)#VLAN 40

SW2 (config)#VLAN 10
SW2 (config-vlan)#exit
SW2 (config)#VLAN 20
SW2 (config-vlan)#exit
SW2 (config)#VLAN 30
SW2 (config-vlan)#exit
SW2 (config)#VLAN 40

SW3 (config)#VLAN 10
SW3 (config-vlan)#exit
SW3 (config)#VLAN 20
SW3 (config-vlan)#exit

SW4 (config)#VLAN 30
SW4 (config-vlan)#exit
SW4 (config)#VLAN 40
SW4 (config-vlan)#exit

SW1 (config)#interface VLAN 10
SW1 (config-if)#ip address 192.168.10.1 255.255.255.0
SW1 (config-if)#exit
SW1 (config)#interface VLAN 20
SW1 (config-if)#ip address 192.168.20.1 255.255.255.0
SW1 (config-if)#exit
SW1 (config)#interface VLAN 30
SW1 (config-if)#ip address 192.168.30.1 255.255.255.0
SW1 (config-if)#exit
SW1 (config)#interface VLAN 40
```

```
SW1 (config-if)#ip address 192.168.40.1 255.255.255.0
SW1 (config-if)#exit
SW2 (config)#interface VLAN 10
SW2 (config-if)#ip address 192.168.10.2 255.255.255.0
SW2 (config-if)#exit
SW2 (config)#interface VLAN 20
SW2 (config-if)#ip address 192.168.20.2 255.255.255.0
SW2 (config-if)#exit
SW2 (config)#interface VLAN 30
SW2 (config-if)#ip address 192.168.30.2 255.255.255.0
SW2 (config-if)#exit
SW2 (config)#interface VLAN 40
SW2 (config-if)#ip address 192.168.40.2 255.255.255.0
SW2 (config-if)#exit
```

步骤 2　配置 Trunk 及链路聚合。

```
SW1 (config)#interface range fastEthernet 0/1-2
SW1 (config-if-range)#switchport mode trunk
SW1 (config-if-range)#exit
SW1 (config)#interface range fastEthernet 0/23-24
SW1 (config-if-range)#port-group 1
SW1 (config-if-range)#exit
SW1 (config)#interface aggregatePort 1
SW1 (config-if)#switchport mode trunk
SW1 (config-if)#exit

SW2 (config)#interface range fastEthernet 0/1-2
SW2 (config-if-range)#switchport mode trunk
SW2 (config-if-range)#exit
SW2 (config)#interface range fastEthernet 0/23-24
SW2 (config-if-range)#port-group 1
SW2 (config-if-range)#exit
SW2 (config)#interface aggregatePort 1
SW2 (config-if)#switchport mode trunk
SW2 (config-if)#exit

SW3 (config)#interface range fastEthernet 0/1-2
SW3 (config-if-range)#switchport mode trunk
SW3 (config-if-range)#exit
SW3 (config)#interface range fastEthernet 0/3-14
SW3 (config-if-range)#switchport mode access
SW3 (config-if-range)#switchport access vlan 10
SW3 (config-if-range)#exit
SW3 (config)#interface range fastEthernet 0/15-24
```

```
SW3 (config-if-range)#switchport mode access
SW3 (config-if-range)#switchport access vlan 20
SW3 (config-if-range)#exit

SW4 (config)#interface range fastEthernet 0/1-2
SW4 (config-if-range)#switchport mode trunk
SW4 (config-if-range)#exit
SW4 (config)#interface range fastEthernet 0/3-14
SW4 (config-if-range)#switchport mode access
SW4 (config-if-range)#switchport access vlan 30
SW4 (config-if-range)#exit
SW4 (config)#interface range fastEthernet 0/15-24
SW4 (config-if-range)#switchport mode access
SW4 (config-if-range)#switchport access vlan 40
SW4 (config-if-range)#exit
```

步骤 3　配置 VRRP。

```
SW1 (config)#interface VLAN 10
SW1 (config-if)#vrrp 10 priority 120
！将交换机 SW1 划分到 VRRP 组 10 中，并配置较高优先级 120，从而成为 VRRP 组 10 中的 Master
SW1 (config-if)#vrrp 10 ip 192.168.10.254
SW1 (config-if)#vrrp 11 ip 192.168.10.253
！将交换机 SW1 划分到 VRRP 组 11 中，优先级默认为 100
SW1 (config-if)#exit
SW1 (config)#interface VLAN 20
SW1.(config-if)#vrrp 20 ip 192.168.20.254
！将交换机 SW1 划分到 VRRP 组 20 中
SW1.(config-if)#vrrp 21 priority 120
！将交换机 SW1 划分到 VRRP 组 21 中，并配置优先级为 120
SW1.(config-if)#vrrp 21 ip 192.168.20.253
！将交换机 SW1 划分到 VRRP 组 21 中
SW1 (config-if)#exit
SW1 (config)#interface VLAN 30
SW1 (config-if)#vrrp 30 priority 120
！将交换机 SW1 划分到 VRRP 组 30 中，配置优先级为 120
SW1 (config-if)#vrrp 30 ip 192.168.30.254
SW1 (config-if)#vrrp 31 ip 192.168.30.253
！将交换机 SW1 划分到 VRRP 组 31 中
SW1 (config-if)#exit
SW1 (config)#interface VLAN 40
SW1 (config-if)#vrrp 40 ip 192.168.40.254
！将交换机 SW1 划分到 VRRP 组 40 中
SW1 (config-if)#vrrp 41 priority 120
```

```
! 将交换机 SW1 划分到 VRRP 组 41，并配置优先级为 120

SW1 (config-if)#vrrp 41 ip 192.168.40.253
SW2 (config)#interface VLAN 10
SW2 (config-if)#vrrp 10 ip 192.168.10.254
SW2 (config-if)#vrrp 11 priority 120
SW2 (config-if)#vrrp 11 ip 192.168.10.253
SW2 (config-if)#exit
SW2 (config)#interface VLAN 20
SW2 (config-if)#vrrp 20 priority 120
SW2 (config-if)#vrrp 20 ip 192.168.20.254
SW2 (config-if)#vrrp 21 ip 192.168.20.253
SW2 (config-if)#exit
SW2 (config)#interface VLAN 30
SW2 (config-if)#vrrp 30 ip 192.168.30.254
SW2 (config-if)#vrrp 31 priority 120
SW2 (config-if)#vrrp 31 ip 192.168.30.253
SW2 (config-if)#exit
SW2 (config)#interface VLAN 40
SW2 (config-if)#vrrp 40 priority 120
SW2 (config-if)#vrrp 40 ip 192.168.40.254
SW2 (config-if)#vrrp 41 ip 192.168.40.253
```

步骤 4　验证测试。

使用 show vrrp brief 来验证配置。

```
SW1#show vrrp brief
Interface      Grp Pri timer Own Pre State  Master addr      Group addr
VLAN 10        10  120 9     -   P   Master 192.168.10.1     192.168.10.254
VLAN 10        11  100 9     -   P   Backup 192.168.10.2     192.168.10.253
VLAN 20        20  100 9     -   P   Backup 192.168.20.2     192.168.20.254
VLAN 20        21  120 9     -   P   Master 192.168.20.1     192.168.20.253
VLAN 30        30  120 9     -   P   Master 192.168.30.1     192.168.30.254
VLAN 30        31  100 9     -   P   Backup 192.168.30.2     192.168.30.253
VLAN 40        40  100 9     -   P   Backup 192.168.40.2     192.168.40.254
VLAN 40        41  120 9     -   P   Master 192.168.40.1     192.168.40.253
```

从 show 命令输出结果可以看到，交换机 SW1 在 VRRP 组 10、21、30、41 中状态为 Master，在 VRRP 组 11、20、31、40 中状态为 Backup。

```
SW2#show vrrp brief
Interface      Grp Pri timer Own Pre State  Master addr      Group addr
VLAN 10        10  100 9     -   P   Backup 192.168.10.1     192.168.10.254
VLAN 10        11  120 9     -   P   Master 192.168.10.2     192.168.10.253
VLAN 20        20  120 9     -   P   Master 192.168.20.2     192.168.20.254
VLAN 20        21  100 9     -   P   Backup 192.168.20.1     192.168.20.253
```

```
VLAN 30          30  100 9    -   P   Backup 192.168.30.1    192.168.30.254
VLAN 30          31  120 9    -   P   Master 192.168.30.2    192.168.30.253
VLAN 40          40  120 9    -   P   Master 192.168.40.2    192.168.40.254
VLAN 40          41  100 9    -   P   Backup 192.168.40.1    192.168.40.253
```

从 show 命令输出结果可以看到，交换机 SW2 在 VRRP 组 10、21、30、41 中状态为 Backup，在 VRRP 组 11、20、31、40 中状态为 Master。

【参考配置】

```
SW1#show running-config

Building configuration...
Current configuration : 2278 bytes
!
hostname SW1
!
vlan 1
!
vlan 10
!
vlan 20
!
vlan 30
!
vlan 40
!
interface FastEthernet 0/1
 switchport mode trunk
 !

interface FastEthernet 0/2
switchport mode trunk
!
interface FastEthernet 0/23
 port-group 1
!
interface FastEthernet 0/24
 port-group 1
!
interface AggregatePort 1
 switchport mode trunk
!
interface VLAN 10
 ip address 192.168.10.1 255.255.255.0
```

```
 vrrp 10 priority 120
 vrrp 10 ip 192.168.10.254
 vrrp 11 ip 192.168.10.253
!
interface VLAN 20
 ip address 192.168.20.1 255.255.255.0
 vrrp 20 ip 192.168.20.254
 vrrp 21 priority 120
 vrrp 21 ip 192.168.20.253
!
interface VLAN 30
 ip address 192.168.30.1 255.255.255.0
 vrrp 30 priority 120
 vrrp 30 ip 192.168.30.254
 vrrp 31 ip 192.168.30.253
!
interface VLAN 40
 ip address 192.168.40.1 255.255.255.0
 vrrp 40 ip 192.168.40.254
 vrrp 41 priority 120
 vrrp 41 ip 192.168.40.253
!
line con 0
line vty 0 4
 login
!
end

SW2#show running-config
Building configuration...
Current configuration : 2293 bytes
!
hostname SW2
!
vlan 1
!
vlan 10
!
vlan 20
!
vlan 30
!
```

```
vlan 40
!
interface FastEthernet 0/1
 switchport mode trunk
 !
interface FastEthernet 0/2
switchport mode trunk
!
interface FastEthernet 0/23
 port-group 1
!
interface AggregatePort 1
 switchport mode trunk
!
interface VLAN 10
 ip address 192.168.10.2 255.255.255.0
vrrp 10 ip 192.168.10.254
 vrrp 11 priority 120
vrrp 11 ip 192.168.10.253
!
interface VLAN 20
 ip address 192.168.20.2 255.255.255.0
 vrrp 20 priority 120
 vrrp 20 ip 192.168.20.254
 vrrp 21 ip 192.168.20.253
!
interface VLAN 30
 ip address 192.168.30.2 255.255.255.0
 vrrp 30 ip 192.168.30.254
 vrrp 31 priority 120
 vrrp 31 ip 192.168.30.253
!
interface VLAN 40
 ip address 192.168.40.2 255.255.255.0
 vrrp 40 priority 120
vrrp 40 ip 192.168.40.254
 vrrp 41 ip 192.168.40.253
!
line con 0
line vty 0 4
 login
!
```

```
end
```

SW3#show running-config

```
Building configuration...
Current configuration : 1521 bytes
!
version 1.0
!
hostname SW3
vlan 1
!
vlan 10
!
vlan 20
!
interface fastEthernet 0/1
 switchport mode trunk
!
interface fastEthernet 0/2
 switchport mode trunk
!
interface fastEthernet 0/3
 switchport access vlan 10
!
interface fastEthernet 0/4
 switchport access vlan 10
!
interface fastEthernet 0/5
 switchport access vlan 10
!
interface fastEthernet 0/6
 switchport access vlan 10
!
interface fastEthernet 0/7
 switchport access vlan 10
!
interface fastEthernet 0/8
 switchport access vlan 10
!
interface fastEthernet 0/9
 switchport access vlan 10
!
```

```
interface fastEthernet 0/10
 switchport access vlan 10
!
interface fastEthernet 0/11
 switchport access vlan 10
!
interface fastEthernet 0/12
 switchport access vlan 10
!
interface fastEthernet 0/13
 switchport access vlan 10
!
interface fastEthernet 0/14
 switchport access vlan 10
!
interface fastEthernet 0/15
 switchport access vlan 20
!
interface fastEthernet 0/16
 switchport access vlan 20
!
interface fastEthernet 0/17
 switchport access vlan 20
!
interface fastEthernet 0/18
 switchport access vlan 20
!
interface fastEthernet 0/19
 switchport access vlan 20
!
interface fastEthernet 0/20
 switchport access vlan 20
!
interface fastEthernet 0/21
 switchport access vlan 20
!
interface fastEthernet 0/22
 switchport access vlan 20
!
interface fastEthernet 0/23
 switchport access vlan 20
!
interface fastEthernet 0/24
```

```
 switchport access vlan 20
!
end
```

SW4#show running-config

```
Building configuration...
Current configuration : 1521 bytes
!
version 1.0
!
hostname SW4
vlan 1
!
vlan 30
!
vlan 40
!
interface fastEthernet 0/1
 switchport mode trunk
!
interface fastEthernet 0/2
 switchport mode trunk
!
interface fastEthernet 0/3
 switchport access vlan 30
!
interface fastEthernet 0/4
 switchport access vlan 30
!
interface fastEthernet 0/5
 switchport access vlan 30
!
interface fastEthernet 0/6
 switchport access vlan 30
!
interface fastEthernet 0/7
 switchport access vlan 30
!
interface fastEthernet 0/8
 switchport access vlan 30
!
interface fastEthernet 0/9
 switchport access vlan 30
!
interface fastEthernet 0/10
 switchport access vlan 30
!
interface fastEthernet 0/11
```

```
 switchport access vlan 30
!
interface fastEthernet 0/12
 switchport access vlan 30
!
interface fastEthernet 0/13
 switchport access vlan 30
!
interface fastEthernet 0/14
 switchport access vlan 30
!
interface fastEthernet 0/15
 switchport access vlan 40
!
interface fastEthernet 0/16
 switchport access vlan 40
!
interface fastEthernet 0/17
 switchport access vlan 40
!
interface fastEthernet 0/18
 switchport access vlan 40
!
interface fastEthernet 0/19
 switchport access vlan 40
!
interface fastEthernet 0/20
 switchport access vlan 40
!
interface fastEthernet 0/21
 switchport access vlan 40
!
interface fastEthernet 0/22
 switchport access vlan 40
!
interface fastEthernet 0/23
 switchport access vlan 40
!
interface fastEthernet 0/24
 switchport access vlan 40
!
end
```

实验 9　配置 RIP 版本、汇总、定时器

【实验名称】

配置 RIP 版本、汇总、定时器。

【实验目的】

通过本实验更深入了解 RIP 路由协议。

【背景描述】

本实验由两台路由器组成，并且需要在路由器 R1 配置 loopback 接口来代表网段，在这个实验拓扑中实现各种 RIP 功能。

【需求分析】

使用配置命令更改 RIP 的配置版本，并在路由器实现汇总，修改定时器，发布路由更新信息。

【实验拓扑】

实验的拓扑图，如图 9-1 所示。

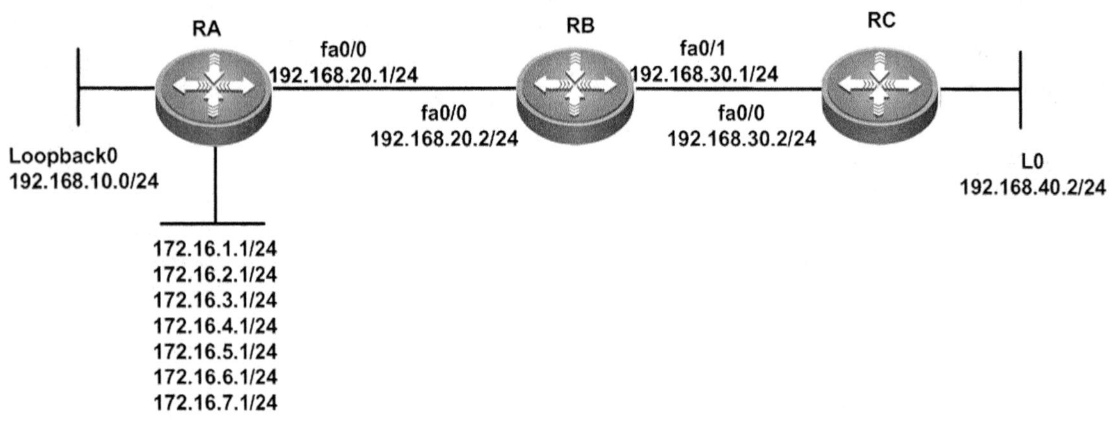

图 9-1

【实验设备】

路由器（软件版本为 RGNOS 10.1.00 及以上版本）3 台。

【预备知识】

路由器基本配置知识、IP 路由知识、RIP 路由协议。

【实验原理】

主要在路由器上配置版本、验证、汇总等功能，实现路由信息安全传递。

【实验步骤】

步骤 1　在路由器上配置 IP 路由选择和 IP 地址。

```
RA#config  t
```

```
RA(config)# interface FastEthernet 0/0
RA(config-if)#ip address 172.16.1.5 255.255.255.252
RA(config)# interface FastEthernet 0/0
RA(config-if)#ip address 192.168.20.1 255.255.255.0
RA(config)# interface Loopback 0
RA(config-if)#ip address 192.168.10.1 255.255.255.0
RA(config)#interface Loopback 1
RA(config-if)#ip address 172.16.1.1 255.255.255.0
RA(config)#interface Loopback 2
RA(config-if)#ip address 172.16.2.1 255.255.255.0
RA(config)#interface Loopback 3
RA(config-if)#ip address 172.16.3.1 255.255.255.0
RA(config)#interface Loopback 4
RA(config-if)#ip address 172.16.4.1 255.255.255.0
RA(config)#interface Loopback 5
RA(config-if)#ip address 172.16.5.1 255.255.255.0
RA(config)#interface Loopback 6
RA(config-if)#ip address 172.16.6.1 255.255.255.0
RA(config)#interface Loopback 7
RA(config-if)#ip address 172.16.7.1 255.255.255.0
RA(config-if)#ip address 192.168.1.1 255.255.255.252
RA(config)#interface Loopback 1
RA(config-if)#ip address 192.168.2.1 255.255.255.0

RB(config)# interface FastEthernet 0/0
RB(config-if)#ip address 192.168.20.2 255.255.255.0
RB(config)#interface FastEthernet 0/1
RB(config-if)#ip address 192.168.30.1 255.255.255.0

RC(config)# interface FastEthernet 0/0
RC(config-if)#ip address 192.168.30.2 255.255.255.0
RC(config)# interface Loopback 0
RC(config-if)#ip address 192.168.40.2 255.255.255.0
```

步骤 2　配置 RIP 版本。

```
RA(config)# router rip
RA(config-router)#version 2
RA(config-router)#network 172.16.0.0
RA(config-router)#network 192.168.10.0
RA(config-router)#network 192.168.20.0
RA(config-router)#no auto-summary

RB(config)# router rip
RB(config-router)#version 2
```

```
RB(config-router)#network 192.168.20.0
RB(config-router)#network 192.168.30.0
RB(config-router)#no auto-summary
RC(config)# router rip
RC(config-router)#version 2
RC(config-router)#network 192.168.30.0
RC(config-router)#network 192.168.40.0
```

步骤 3　配置汇总。

```
RA(config)# interface FastEthernet 0/0
RA(config-if)#ip summary-address rip 172.16.0.0 255.255.248.0
```

步骤 4　配置定时器。

```
RA(config)# router rip
RA(config-router)# timers basic 20 120 20

RB(config)# router rip
RB(config-router)# timers basic 20 120 80

RC(config)# router rip
RC(config-router)#timers basic 20 120 80
```

步骤 5　验证测试。

用 show ip rip 验证版本配置。

```
RB#Show ip rip
  Routing Protocol is "rip"
  Sending updates every 20 seconds, next due in 7 seconds
  Invalid after 90 seconds, flushed after 160 seconds
  Outgoing update filter list for all interface is: not set
  Incoming update filter list for all interface is: not set
  Default redistribution metric is 1
  Redistributing:
  Default version control: send version 2, receive version 2
    Interface              Send  Recv   Key-chain
    FastEthernet 0/0        2     2
    FastEthernet 0/1        2     2
  Routing for Networks:
    192.168.20.0
    192.168.30.0
  Distance: (default is 120)
```

用 show ip route 验证路由汇总。

```
RB# show ip route
Codes:  C - connected, S - static,  R - RIP B - BGP
        O - OSPF, IA - OSPF inter area
        N1 - OSPF NSSA external type 1, N2 - OSPF NSSA external type 2
        E1 - OSPF external type 1, E2 - OSPF external type 2
```

```
       i - IS-IS, L1 - IS-IS level-1, L2 - IS-IS level-2, ia - IS-IS inter area
       * - candidate default

Gateway of last resort is no set
R     172.16.0.0/21 [120/1] via 192.168.20.1, 00:00:00, FastEthernet 0/0
R     192.168.10.0/24 [120/1] via 192.168.20.1, 00:00:00, FastEthernet 0/0
C     192.168.20.0/24 is directly connected, FastEthernet 0/0
C     192.168.20.2/32 is local host.
C     192.168.30.0/24 is directly connected, FastEthernet 0/1
C     192.168.30.1/32 is local host.
R     192.168.40.0/24 [120/1] via 192.168.30.2, 00:00:06, FastEthernet 0/1
```

用 show ip rip 和 debug ip rip 测试验证配置。

```
RB#show ip rip
Routing Protocol is "rip"
  Sending updates every 20 seconds, next due in 9 seconds
  Invalid after 90 seconds, flushed after 160 seconds
  Outgoing update filter list for all interface is: not set
  Incoming update filter list for all interface is: not set
  Default redistribution metric is 1
  Redistributing:
  Default version control: send version 2, receive version 2
    Interface             Send  Recv   Key-chain
    FastEthernet 0/0        2     2
    FastEthernet 0/1        2     2
  Routing for Networks:
    192.168.20.0
    192.168.30.0
  Distance: (default is 120)

RB#debug ip rip
Nov  3 21:33:37 RB %7: [RIP] RIP recveived packet, sock=2125 src=192.168.20.1
len=84
Nov  3 21:33:37 RB %7: [RIP] Cancel peer remove timer
Nov  3 21:33:37 RB %7:[RIP] Peer remove timer shedule...
Nov  3 21:33:37 RB %7:[RIP]: received packet with MD5 authentication
Nov  3 21:33:37 RB %7: [RIP] Ours need md5 authen
Nov  3 21:33:37 RB %7: [RIP] MD5 Auth success
```

用 show ip rip 命令测试定时器配置。

```
RB#show ip rip
Routing Protocol is "rip"
  Sending updates every 20 seconds, next due in 12 seconds
  Invalid after 120 seconds, flushed after 80 seconds
  Outgoing update filter list for all interface is: not set
```

```
 Incoming update filter list for all interface is: not set
 Default redistribution metric is 1
 Redistributing:
 Default version control: send version 2, receive version 2
   Interface            Send  Recv   Key-chain
   FastEthernet 0/0      2     2
   FastEthernet 0/1      2     2
 Routing for Networks:
   192.168.20.0
   192.168.30.0
 Distance: (default is 120)
```

【参考配置】

```
RA#show running-config

Building configuration...
Current configuration : 1348 bytes

!
version RGNOS 10.1.00(4), Release(18443)(Tue Jul 17 20:50:30 CST 2007 -ubulserver)
hostname RA
!
enable secret 5 $1$db44$8x67vy78Dz5pq1xD
!
interface FastEthernet 0/0
ip summary-address rip 172.16.0.0 255.255.248.0
 ip address 192.168.20.1 255.255.255.0
 duplex auto
 speed auto
!
interface FastEthernet 0/1
 duplex auto
 speed auto
!
interface Loopback 0
 ip address 192.168.10.1 255.255.255.0
!
interface Loopback 1
 ip address 172.16.1.1 255.255.255.0
!
interface Loopback 2
 ip address 172.16.2.1 255.255.255.0
!
interface Loopback 3
 ip address 172.16.3.1 255.255.255.0
```

```
!
interface Loopback 4
 ip address 172.16.4.1 255.255.255.0
!
interface Loopback 5
 ip address 172.16.5.1 255.255.255.0
!
interface Loopback 6
 ip address 172.16.6.1 255.255.255.0
!
interface Loopback 7
 ip address 172.16.7.1 255.255.255.0
!
```

router rip
version 2
network 172.16.0.0
network 192.168.10.0
network 192.168.20.0
no auto-summary
timers basic 20 120 80

```
!
line con 0
line aux 0
line vty 0 4
 login
!
End
```

RB#show running-config

```
Building configuration...
Current configuration : 812 bytes

!
version RGNOS 10.1.00(4), Release(18443)(Tue Jul 17 20:50:30 CST 2007 -ubulserver)
hostname RB
!
enable secret 5 $1$db44$8x67vy78Dz5pq1xD
!
interface FastEthernet 0/0
ip address 192.168.20.2 255.255.255.0
 duplex auto
 speed auto
!
interface FastEthernet 0/1
ip address 192.168.30.1 255.255.255.0
 duplex auto
 speed auto
```

```
!
router rip
 version 2
 network 192.168.20.0
 network 192.168.30.0
 no auto-summary
 timers basic 20 120 80
!
line con 0
line aux 0
line vty 0 4
 login
!
End
```

```
RC#show running-config

Building configuration...
Current configuration : 818 bytes

!
version RGNOS 10.1.00(4), Release(18443)(Tue Jul 17 20:50:30 CST 2007 -ubulserver)
hostname RC
!
enable secret 5 $1$db44$8x67vy78Dz5pq1xD
!
interface FastEthernet 0/0
ip address 192.168.30.2 255.255.255.0
 duplex auto
 speed auto
!
interface FastEthernet 0/1
 duplex auto
 speed auto
!
interface Loopback 0
 ip address 192.168.40.2 255.255.255.0
!
router rip
 version 2
 network 192.168.30.0
 network 192.168.40.0
 timers basic 20 120 80
!
line con 0
line aux 0
line vty 0 4
 login
!
end
```

实验 10 OSPF 单区域配置

【实验名称】

配置 OSPF 单区域。

【实验目的】

配置 OSPF 单区域实验，实现简单的 OSPF 配置。

【背景描述】

拓扑图中有 3 台路由器，共有 5 个网段，并且是无类的子网。

【需求分析】

在本拓扑图中使用 OSPF 路由协议学习路由信息，并且使用的是单区域，所有的路由器都在区域 0 中。

【实验拓扑】

实验的拓扑图，如图 10-1 所示。

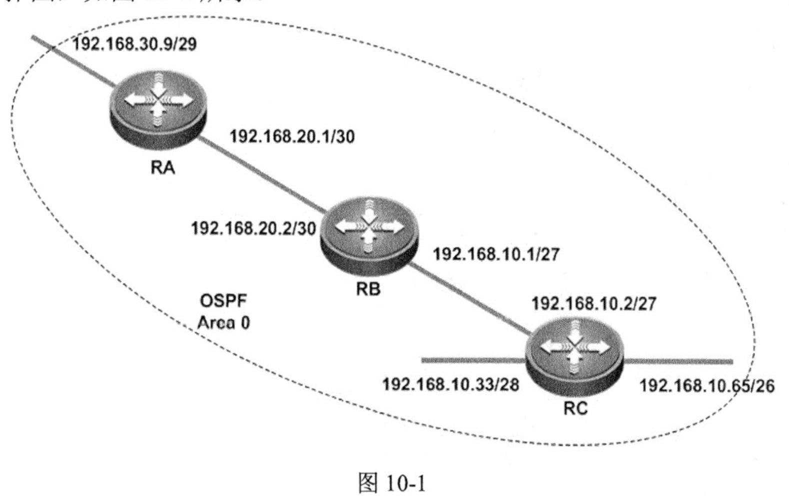

图 10-1

【实验设备】

路由器（软件版本为 RGNOS 10.1.00 及以上版本）3 台。

【预备知识】

路由器基本配置知识、OSPF。

【实验原理】

在路由器上启用 OSFP 进程，使用所有的路由信息通过 OSFP 路由协议传递。

【实验步骤】

步骤 1　在路由器上配置 IP 地址。

```
RA#config  t
RA(config)# interface FastEthernet 0/0
RA(config-if)#ip address 192.168.20.1 255.255.255.252
RA(config)#interface Loopback 0
RA(config-if)#ip address 192.168.10.9 255.255.255.248

RB#config  t
RB(config)# interface FastEthernet 0/0
RB(config-if)#ip address 192.168.20.2 255.255.255.252
RB(config)#interface FastEthernet 0/1
RB(config-if)#ip address 192.168.10.1 255.255.255.224

RC#config  t
RC(config)# interface FastEthernet 0/0
RC(config-if)#ip address 192.168.10.2 255.255.255.224
RC(config)#interface Loopback 0
RC(config-if)#ip address 192.168.10.33 255.255.255.240
RC(config)#interface Loopback 1
RC(config-if)#ip address 192.168.10.65 255.255.255.192
```

步骤 2　配置 OSPF。

```
RA(config)#router ospf 10
RA(config-router)#network 192.168.10.8 0.0.0.7 area 0
RA(config-router)#network 192.168.20.0 0.0.0.3 area 0

RB(config)# router ospf 10
RB(config-router)#network 192.168.10.0 0.0.0.31 area 0
RB(config-router)#network 192.168.20.0 0.0.0.3 area 0

RC(config)# router ospf 10
RC(config-router)#network 192.168.10.0 0.0.0.31 area 0
RC(config-router)#network 192.168.10.32 0.0.0.15 area 0
RC(config-router)#network 192.168.10.64 0.0.0.63 area 0
```

步骤 3　验证测试。用命令 show ip route 和 sh ip ospf neighbor 来验证配置。

```
RA#sh ip route

Codes: C - connected, S - static,  R - RIP B - BGP
       O - OSPF, IA - OSPF inter area
       N1 - OSPF NSSA external type 1, N2 - OSPF NSSA external type 2
       E1 - OSPF external type 1, E2 - OSPF external type 2
       i - IS-IS, L1 - IS-IS level-1, L2 - IS-IS level-2, ia - IS-IS inter area
       * - candidate default
Gateway of last resort is no set
O      192.168.10.0/27 [110/2] via 192.168.20.2, 00:01:32, FastEthernet 0/0
C    192.168.10.8/29 is directly connected, Loopback 0
```

```
C    192.168.10.9/32 is local host.
O    192.168.10.33/32 [110/2] via 192.168.20.2, 00:01:32, FastEthernet 0/0
O    192.168.10.65/32 [110/2] via 192.168.20.2, 00:01:32, FastEthernet 0/0
C    192.168.20.0/30 is directly connected, FastEthernet 0/0
C    192.168.20.1/32 is local host.

RC#show ip route

Codes: C - connected, S - static,  R - RIP B - BGP
       O - OSPF, IA - OSPF inter area
       N1 - OSPF NSSA external type 1, N2 - OSPF NSSA external type 2
       E1 - OSPF external type 1, E2 - OSPF external type 2
       i - IS-IS, L1 - IS-IS level-1, L2 - IS-IS level-2, ia - IS-IS inter area
       * - candidate default

Gateway of last resort is no set
C    192.168.10.0/27 is directly connected, FastEthernet 0/0
C    192.168.10.2/32 is local host.
O    192.168.10.9/32 [110/2] via 192.168.10.1, 00:02:39, FastEthernet 0/0
C    192.168.10.32/28 is directly connected, Loopback 0
C    192.168.10.33/32 is local host.
C    192.168.10.64/26 is directly connected, Loopback 1
C    192.168.10.65/32 is local host.
O    192.168.20.0/30 [110/2] via 192.168.10.1, 00:03:28, FastEthernet 0/0

RB#sh ip ospf neighbor

OSPF process 10:
Neighbor ID     Pri   State       Dead Time   Address         Interface
192.168.10.65   1     Full/DR     00:00:30    192.168.10.2    FastEthernet 0/1
192.168.10.9    1     Full/BDR    00:00:38    192.168.20.1    FastEthernet 0/0
```

【备注事项】

在做本实验前，注意子网掩码的换算。

【参考配置】

```
RA#sh running-config

Building configuration...
Current configuration : 631 bytes
!
version RGNOS 10.1.00(4), Release(18443)(Tue Jul 17 20:50:30 CST 2007 -ubulserver)
hostname RA
!
enable secret 5 $1$db44$8x67vy78Dz5pq1xD
!
```

```
interface FastEthernet 0/0
 ip address 192.168.20.1 255.255.255.252
 duplex auto
 speed auto
!
interface FastEthernet 0/1
 duplex auto
 speed auto
!
interface Loopback 0
 ip address 192.168.10.9 255.255.255.248
!
router ospf 10
 network 192.168.10.8 0.0.0.7 area 0
 network 192.168.20.0 0.0.0.3 area 0
!
line con 0
line aux 0
line vty 0 4
 login
!
End

RB#show running-config

Building configuration...
Current configuration : 607 bytes

!
version RGNOS 10.1.00(4), Release(18443)(Tue Jul 17 20:50:30 CST 2007 -ubulserver)
hostname RB
!
enable secret 5 $1$db44$8x67vy78Dz5pq1xD
!
interface FastEthernet 0/0
 ip address 192.168.20.2 255.255.255.252
 duplex auto
 speed auto
!
interface FastEthernet 0/1
 ip address 192.168.10.1 255.255.255.224
 duplex auto
 speed auto
!
router ospf 10
 network 192.168.10.0 0.0.0.31 area 0
 network 192.168.20.0 0.0.0.3 area 0
!
line con 0
```

```
line aux 0
line vty 0 4
 login
!
End
```

RC#show running-config

```
Building configuration...
Current configuration : 743 bytes

!
version RGNOS 10.1.00(4), Release(18443)(Tue Jul 17 20:50:30 CST 2007 -ubuiserver)
hostname RC
!
!
enable secret 5 $1$db44$8x67vy78Dz5pq1xD
!
interface FastEthernet 0/0
 ip address 192.168.10.2 255.255.255.224
 duplex auto
 speed auto
!
interface FastEthernet 0/1
 duplex auto
 speed auto
!
interface Loopback 0
 ip address 192.168.10.33 255.255.255.240
!
interface Loopback 1
 ip address 192.168.10.65 255.255.255.192
!
router ospf 10
 network 192.168.10.0 0.0.0.31 area 0
 network 192.168.10.32 0.0.0.15 area 0
 network 192.168.10.64 0.0.0.63 area 0
!
line con 0
line aux 0
line vty 0 4
 login
!
end
```

实验 11　OSPF 多区域配置

【实验名称】

配置 OSPF 多区域。

【实验目的】

配置 OSPF 多区域，理解 OSPF 层次型网络的特点。

【背景描述】

本实验拓扑图中有 3 台路由器，路由器在区域 0 和区域 1 中，路由器 B 在区域 0 和区域 30，路由器 C 在区域 30。

【需求分析】

需要基于本拓扑图实现 OSPF 多区域的配置，并理解 OSPF 实现层次型网络的优点。

【实验拓扑】

实验的拓扑图，如图 11-1 所示。

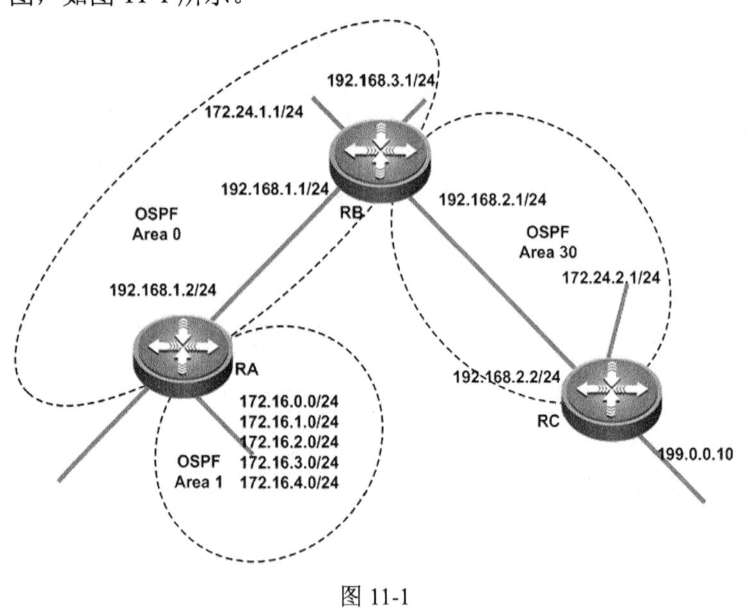

图 11-1

【实验设备】

路由器（软件版本为 RGNOS 10.1.00 及以上版本）3 台。

【预备知识】

路由器基本配置知识、OSPF。

【实验原理】

配置 OSPF 路由协议，实现多区域路由。

【实验步骤】

步骤 1 在路由器上配置 IP 地址。

```
RA#config  t
RA(config)# interface FastEthernet 0/0
RA(config-if)#ip address 192.168.1.2 255.255.255.0
RA(config)#interface Loopback 0
RA(config-if)#ip address 172.16.0.1 255.255.255.0
RA(config)#interface Loopback 1
RA(config-if)#ip address 172.16.1.1 255.255.255.0
RA(config)#interface Loopback 2
RA(config-if)#ip address 172.16.2.1 255.255.255.0
RA(config)#interface Loopback 3
RA(config-if)#ip address 172.16.3.1 255.255.255.0
RA(config)#interface Loopback 4
RA(config-if)#ip address 172.16.4.1 255.255.255.0

RB#config  t
RB(config)# interface FastEthernet 0/0
RB(config-if)#ip address 192.168.1.1 255.255.255.0
RB(config)#interface FastEthernet 0/1
RB(config-if)#ip address 192.168.2.1 255.255.255.0
RB(config)#interface Loopback 0
RB(config-if)#ip address 172.24.1.1 255.255.255.0
RB(config)#interface Loopback 1
RB(config-if)#p address 192.168.3.1 255.255.255.0

RC#config  t
RC(config)# interface FastEthernet 0/0
RC(config-if)#ip address 192.168.2.2 255.255.255.0
RC(config)#interface Loopback 0
RC(config-if)#ip address 172.24.2.1 255.255.255.0
RC(config)#interface Loopback 1
RC(config-if)#ip address 199.0.0.10 255.255.255.240
```

步骤 2 配置 OSPF。

```
RA(config)# router ospf 10
RA(config-router)#network 172.16.0.0 0.0.0.255 area 1
RA(config-router)#network 172.16.1.0 0.0.0.255 area 1
RA(config-router)#network 172.16.2.0 0.0.0.255 area 1
RA(config-router)#network 172.16.3.0 0.0.0.255 area 1
RA(config-router)#network 172.16.4.0 0.0.0.255 area 1
RA(config-router)#network 192.168.1.0 0.0.0.255 area 0

RB(config)# router ospf 10
```

```
RB(config-router)#network 172.24.1.0 0.0.0.255 area 0
RB(config-router)#network 192.168.1.0 0.0.0.255 area 0
RB(config-router)#network 192.168.2.0 0.0.0.255 area 30
RB(config-router)#network 192.168.3.0 0.0.0.255 area 0

RC(config)# router ospf 10
RC(config-router)#network 172.24.2.0 0.0.0.255 area 30
RC(config-router)#network 192.168.2.0 0.0.0.255 area 30
```

步骤 3　验证测试。用命令 show ip route 和 sh ip ospf neighbor 来验证配置。

```
RA#show ip route

Codes:  C - connected, S - static,  R - RIP B - BGP
        O - OSPF, IA - OSPF inter area
        N1 - OSPF NSSA external type 1, N2 - OSPF NSSA external type 2
        E1 - OSPF external type 1, E2 - OSPF external type 2
        i - IS-IS, L1 - IS-IS level-1, L2 - IS-IS level-2, ia - IS-IS inter area
        * - candidate default

Gateway of last resort is no set
C    172.16.0.0/24 is directly connected, Loopback 0
C    172.16.0.1/32 is local host.
C    172.16.1.0/24 is directly connected, Loopback 1
C    172.16.1.1/32 is local host.
C    172.16.2.0/24 is directly connected, Loopback 2
C    172.16.2.1/32 is local host.
C    172.16.3.0/24 is directly connected, Loopback 3
C    172.16.3.1/32 is local host.
C    172.16.4.0/24 is directly connected, Loopback 4
C    172.16.4.1/32 is local host.
O    172.24.1.1/32 [110/1] via 192.168.1.1, 00:03:13, FastEthernet 0/0
O IA 172.24.2.1/32 [110/2] via 192.168.1.1, 00:00:35, FastEthernet 0/0
C    192.168.1.0/24 is directly connected, FastEthernet 0/0
C    192.168.1.2/32 is local host.
O IA 192.168.2.0/24 [110/2] via 192.168.1.1, 00:03:13, FastEthernet 0/0
O    192.168.3.1/32 [110/1] via 192.168.1.1, 00:03:13, FastEthernet 0/0

RC#show ip route

Codes:  C - connected, S - static,  R - RIP B - BGP
        O - OSPF, IA - OSPF inter area
        N1 - OSPF NSSA external type 1, N2 - OSPF NSSA external type 2
        E1 - OSPF external type 1, E2 - OSPF external type 2
        i - IS-IS, L1 - IS-IS level-1, L2 - IS-IS level-2, ia - IS-IS inter area
        * - candidate default
```

```
Gateway of last resort is 0.0.0.0 to network 0.0.0.0
S*   0.0.0.0/0 is directly connected, Loopback 1
O IA 172.16.0.0/24 [110/2] via 192.168.2.1, 00:02:49, FastEthernet 0/0
O IA 172.16.1.0/24 [110/2] via 192.168.2.1, 00:02:49, FastEthernet 0/0
O IA 172.16.2.0/24 [110/2] via 192.168.2.1, 00:02:49, FastEthernet 0/0
O IA 172.16.3.0/24 [110/2] via 192.168.2.1, 00:02:49, FastEthernet 0/0
O IA 172.16.4.0/24 [110/2] via 192.168.2.1, 00:02:49, FastEthernet 0/0
O IA 172.24.1.0/24 [110/1] via 192.168.2.1, 00:02:49, FastEthernet 0/0
C    172.24.2.0/24 is directly connected, Loopback 0
C    172.24.2.1/32 is local host.
O IA 192.168.1.0/24 [110/2] via 192.168.2.1, 00:02:49, FastEthernet 0/0
C    192.168.2.0/24 is directly connected, FastEthernet 0/0
C    192.168.2.2/32 is local host.
O IA 192.168.3.0/24 [110/1] via 192.168.2.1, 00:02:49, FastEthernet 0/0
C    199.0.0.0/28 is directly connected, Loopback 1
C    199.0.0.10/32 is local host.

RB#show ip ospf neighbor

OSPF process 10:
Neighbor ID     Pri   State      Dead Time   Address        Interface
172.16.4.1       1   Full/DR    00:00:37    192.168.1.2    FastEthernet 0/0
199.0.0.10       1   Full/BDR   00:00:35    192.168.2.2    FastEthernet 0/1
```

【参考配置】

```
RA#show running-config

Building configuration...
Current configuration : 1029 bytes
!
version RGNOS 10.1.00(4), Release(18443)(Tue Jul 17 20:50:30 CST 2007 -ubulserver)
hostname RA
!
enable secret 5 $1$db44$8x67vy78Dz5pq1xD
!
interface FastEthernet 0/0
 ip address 192.168.1.2 255.255.255.0
 duplex auto
 speed auto
!
interface FastEthernet 0/1
 duplex auto
 speed auto
```

```
!
interface Loopback 0
 ip address 172.16.0.1 255.255.255.0
!
interface Loopback 1
 ip address 172.16.1.1 255.255.255.0
!
interface Loopback 2
 ip address 172.16.2.1 255.255.255.0
!
interface Loopback 3
 ip address 172.16.3.1 255.255.255.0
!
interface Loopback 4
 ip address 172.16.4.1 255.255.255.0
!
router ospf 10
 network 172.16.0.0 0.0.0.255 area 1
 network 172.16.1.0 0.0.0.255 area 1
 network 172.16.2.0 0.0.0.255 area 1
 network 172.16.3.0 0.0.0.255 area 1
 network 172.16.4.0 0.0.0.255 area 1
 network 192.168.1.0 0.0.0.255 area 0
!
line con 0
line aux 0
line vty 0 4
 login
!
end

RB#show running-config

Building configuration...
Current configuration : 807 bytes

!
version RGNOS 10.1.00(4), Release(18443)(Tue Jul 17 20:50:30 CST 2007 -ubulserver)
hostname RB
!
enable secret 5 $1$db44$8x67vy78Dz5pq1xD
!
interface FastEthernet 0/0
```

```
 ip address 192.168.1.1 255.255.255.0
 duplex auto
 speed auto
!
interface FastEthernet 0/1
 ip address 192.168.2.1 255.255.255.0
 duplex auto
 speed auto
!
interface Loopback 0
 ip address 172.24.1.1 255.255.255.0
!
interface Loopback 1
 ip address 192.168.3.1 255.255.255.0
router ospf 10
 network 172.24.1.0 0.0.0.255 area 0
 network 192.168.1.0 0.0.0.255 area 0
 network 192.168.2.0 0.0.0.255 area 30
 network 192.168.3.0 0.0.0.255 area 0
!
line con 0
line aux 0
line vty 0 4
 login
!
end

RC#show running-config

Building configuration...
Current configuration : 734 bytes

!
version RGNOS 10.1.00(4), Release(18443)(Tue Jul 17 20:50:30 CST 2007 -ubulserver)
hostname RC
!
enable secret 5 $1$db44$8x67vy78Dz5pq1xD
!
interface FastEthernet 0/0
 ip address 192.168.2.2 255.255.255.0
 duplex auto
 speed auto
!
```

```
interface FastEthernet 0/1
 duplex auto
 speed auto
!
interface Loopback 0
 ip address 172.24.2.1 255.255.255.0
!
interface Loopback 1
 ip address 199.0.0.10 255.255.255.240
!
router ospf 10
 network 172.24.2.0 0.0.0.255 area 30
 network 192.168.2.0 0.0.0.255 area 30
!
ip route  0.0.0.0 0.0.0.0  Loopback 1
!
line con 0
line aux 0
line vty 0 4
 login
!
end
```

实验 12　配置 RIP 被动接口

【实验名称】

配置 RIP 被动接口。

【实验目的】

配置 RIP 被动接口用来过滤路由的条目，增强网络的安全性。

【背景描述】

某 IT 企业拥有两个子网，分别为 172.16.2.0/24、172.16.3.0/24，为了节省 IP 地址公司采用了 VLSM，为便于管理，管理员采用 RIPv2 动态路由协议。

【需求分析】

为了提高性能，节省网络带宽和安全因素的考虑。不要将 RIP 的更新向 ISP 提供商发布。

【实验拓扑】

实验的拓扑图，如图 12-1 所示。

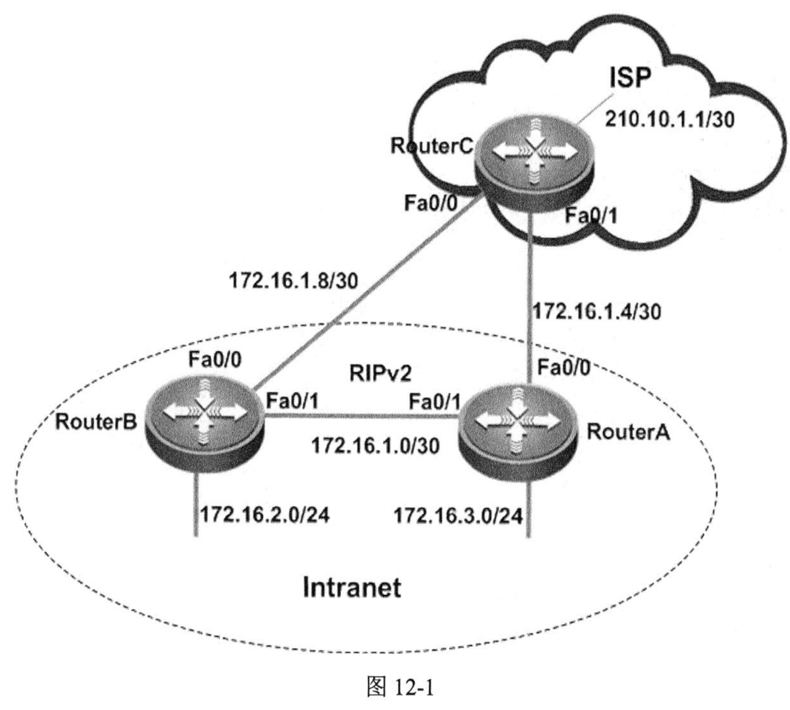

图 12-1

【实验设备】

路由器（软件版本为 RGNOS 10.1.00 及以上版本）3 台。

【预备知识】

路由器基本配置知识、IP 路由知识、RIP 路由协议。

【实验原理】

使用被动接口，禁止在连接 ISP 路由器的接口上发送 RIP 更新。

【实验步骤】

步骤 1　在路由器上配置 IP 路由选择和 IP 地址。

```
RA#config  t
RA(config)# interface FastEthernet 0/0
RA(config-if)#ip address 172.16.1.5 255.255.255.252
RA(config)#interface FastEthernet 0/1
RA(config-if)#ip address 172.16.1.1 255.255.255.252
RA(config)#interface Loopback 0
RA(config-if)#ip address 172.16.3.1 255.255.255.0

RB(config)#interface FastEthernet 0/0
RB(config-if)#ip address 172.16.1.9 255.255.255.252
RB(config)#interface FastEthernet 0/1
RB(config-if)#ip address 172.16.1.2 255.255.255.252
RB(config)#interface Loopback 0
RB(config-if)#ip address 172.16.2.1 255.255.255.0

RC(config)# interface FastEthernet 0/0
RC(config-if)#ip address 172.16.1.10 255.255.255.252
RC(config)# interface FastEthernet 0/1
RC(config-if)#ip address 172.16.1.6 255.255.255.252
RC(config)#interface Loopback 0
RC(config-if)#ip address 210.10.1.1 255.255.255.0
```

步骤 2　配置 RIP。

```
RA(config)# router rip
RA(config-router)# version 2
RA(config-router)#network 172.16.0.0
RA(config-router)#no auto-summary

RB(config)# router rip
RB(config-router)#version 2
RB(config-router)#network 172.16.0.0
RB(config-router)#no auto-summary
```

步骤 3　配置被动接口。

```
RA(config)# router rip
RA(config-router)# passive-interface FastEthernet 0/0

RB(config)# router rip
RB(config-router)# passive-interface FastEthernet 0/0
```

步骤 4　验证测试。

用 debug ip rip packet send 来测试 RIP 更新。

下面显示的是完成“步骤 2”时的测试，这时可以发现 RIP 的更新从 Fa0/0 接口上发送，这样对于安全和带宽都有影响。

```
RA#debug ip rip packet send
RA#Sep  7 00:15:07 RA %7: [RIP] Output timer expired to send reponse
Sep  7 00:15:07 RA %7: [RIP] Prepare to send MULTICAST response...
Sep  7 00:15:07 RA %7: [RIP] Building update entries on FastEthernet 0/0
Sep  7 00:15:07 RA %7:      172.16.1.0/30 via 0.0.0.0 metric 1 tag 0
Sep  7 00:15:07 RA %7:      172.16.1.8/30 via 0.0.0.0 metric 2 tag 0
Sep  7 00:15:07 RA %7:      172.16.2.0/24 via 0.0.0.0 metric 2 tag 0
Sep  7 00:15:07 RA %7:      172.16.3.0/24 via 0.0.0.0 metric 1 tag 0
Sep  7 00:15:07 RA %7: [RIP] Send packet to 224.0.0.9 Port 520 on FastEthernet 0/0
RB#debug ip rip packet send
Sep  7 00:21:57 RB %7: [RIP] Send packet to 224.0.0.9 Port 520 on FastEthernet 0/0
Sep  7 00:21:57 RB %7: [RIP] Prepare to send MULTICAST response...
Sep  7 00:21:57 RB %7: [RIP] Building update entries on FastEthernet 0/1
Sep  7 00:21:57 RB %7:      172.16.1.8/30 via 0.0.0.0 metric 1 tag 0
Sep  7 00:21:57 RB %7:      172.16.2.0/24 via 0.0.0.0 metric 1 tag 0
```

下面显示的是完成“步骤 3”时的测试，这时 RIP 的更新只从 Fa0/1 接口上发送，不会从 Fa0/0 发送更新。

```
RA#debug ip rip packet send
RA#Sep  7 00:26:37 RA %7: [RIP] Output timer expired to send reponse
Sep  7 00:26:37 RA %7: [RIP] Prepare to send MULTICAST response...
Sep  7 00:26:37 RA %7: [RIP] Building update entries on FastEthernet 0/1
Sep  7 00:26:37 RA %7:      172.16.1.4/30 via 0.0.0.0 metric 1 tag 0
Sep  7 00:26:37 RA %7:      172.16.3.0/24 via 0.0.0.0 metric 1 tag 0
Sep  7 00:26:37 RA %7: [RIP] Send packet to 224.0.0.9 Port 520 on FastEthernet 0/1
Sep  7 00:26:37 RA %7: [RIP] Prepare to send MULTICAST response...
Sep  7 00:26:37 RA %7: [RIP] Building update entries on Loopback 0
Sep  7 00:26:37 RA %7:      172.16.1.0/30 via 0.0.0.0 metric 1 tag 0
Sep  7 00:26:37 RA %7:      172.16.1.4/30 via 0.0.0.0 metric 1 tag 0
Sep  7 00:26:37 RA %7:      172.16.1.8/30 via 0.0.0.0 metric 2 tag 0
Sep  7 00:26:37 RA %7:      172.16.2.0/24 via 0.0.0.0 metric 2 tag 0
Sep  7 00:26:37 RA %7: [RIP] Send packet to 224.0.0.9 Port 520 on Loopback 0

RB# debug ip rip packet send
Sep  7 00:35:57 RB %7: [RIP] Output timer expired to send reponse
Sep  7 00:35:57 RB %7: [RIP] Prepare to send MULTICAST response...
Sep  7 00:35:57 RB %7: [RIP] Building update entries on FastEthernet 0/1
Sep  7 00:35:57 RB %7:      172.16.1.8/30 via 0.0.0.0 metric 1 tag 0
Sep  7 00:35:57 RB %7:      172.16.2.0/24 via 0.0.0.0 metric 1 tag 0
Sep  7 00:35:57 RB %7: [RIP] Send packet to 224.0.0.9 Port 520 on FastEthernet 0/1
Sep  7 00:35:57 RB %7: [RIP] Prepare to send MULTICAST response...
```

```
Sep  7 00:35:57 RB %7: [RIP] Building update entries on Loopback 0
Sep  7 00:35:57 RB %7:       172.16.1.0/30 via 0.0.0.0 metric 1 tag 0
Sep  7 00:35:57 RB %7:       172.16.1.4/30 via 0.0.0.0 metric 2 tag 0
Sep  7 00:35:57 RB %7:       172.16.1.8/30 via 0.0.0.0 metric 1 tag 0
Sep  7 00:35:57 RB %7:       172.16.3.0/24 via 0.0.0.0 metric 2 tag 0
Sep  7 00:35:57 RB %7: [RIP] Send packet to 224.0.0.9 Port 520 on Loopback 0
```

【参考配置】

```
RA#show running-config

Building configuration...
Current configuration : 721 bytes

!
version RGNOS 10.1.00(4), Release(18443)(Tue Jul 17 20:50:30 CST 2007 -ubulserver)
hostname RA
!
enable secret 5 $1$db44$8x67vy78Dz5pq1xD
!
interface FastEthernet 0/0
 ip address 172.16.1.5 255.255.255.252
 duplex auto
 speed auto
!
interface FastEthernet 0/1
 ip address 172.16.1.1 255.255.255.252
 duplex auto
 speed auto
!
interface Loopback 0
 ip address 172.16.3.1 255.255.255.0
!
router rip
 version 2
 passive-interface FastEthernet 0/0
 network 172.16.0.0
 no auto-summary
!
ip route  0.0.0.0 0.0.0.0  FastEthernet 0/0
!
line con 0
line aux 0
line vty 0 4
```

```
 login
!
end
```

RB#show running-config

```
Building configuration...
Current configuration : 721 bytes

!
version RGNOS 10.1.00(4), Release(18443)(Tue Jul 17 20:50:30 CST 2007 -ubu1server)
hostname RB
!
enable secret 5 $1$db44$8x67vy78Dz5pq1xD
!
interface FastEthernet 0/0
 ip address 172.16.1.9 255.255.255.252
 duplex auto
 speed auto
!
interface FastEthernet 0/1
 ip address 172.16.1.2 255.255.255.252
 duplex auto
 speed auto
!
interface Loopback 0
 ip address 172.16.2.1 255.255.255.0
!
router rip
 version 2
 passive-interface FastEthernet 0/0
 network 172.16.0.0
 no auto-summary
!
ip route  0.0.0.0 0.0.0.0  FastEthernet 0/0
!
line con 0
line aux 0
line vty 0 4
 login
!
end
```

```
RC#show running-config

Building configuration...
Current configuration : 682 bytes

!
version RGNOS 10.1.00(4), Release(18443)(Tue Jul 17 20:50:30 CST 2007 -ubulserver)
hostname RC
!
enable secret 5 $1$db44$8x67vy78Dz5pq1xD
!
interface FastEthernet 0/0
 ip address 172.16.1.10 255.255.255.252
 duplex auto
 speed auto
!
interface FastEthernet 0/1
 ip address 172.16.1.6 255.255.255.252
 duplex auto
 speed auto
!
interface Loopback 0
 ip address 210.10.1.1 255.255.255.0
!
ip route  172.16.2.0 255.255.255.0  FastEthernet 0/0
ip route  172.16.3.0 255.255.255.0  FastEthernet 0/1
!
line con 0
line aux 0
line vty 0 4
 login
!
end
```

实验 13　配置 OSPF 被动接口

【实验名称】

配置 OSPF 被动接口。

【实验目的】

配置 OSPF 被动接口用来过滤路由的条目，增强网络的安全性。

【背景描述】

某 IT 企业拥有两个子网，分别为 172.16.2.0/24、172.16.3.0/24，服务器群地址为 172.16.4.0/24。为了节省 IP 地址公司采用了 VLSM，为便于管理，管理员采用了 OSPF 动态路由协议。

【需求分析】

为了提高性能，节省网络带宽和安全因素的考虑。不要让 OSPF 的更新报文和 hello 报文向服务器群传播，但要内网能通过 OSPF 学习到去服务群的路由。

【实验拓扑】

实验的拓扑图，如图 13-1 所示。

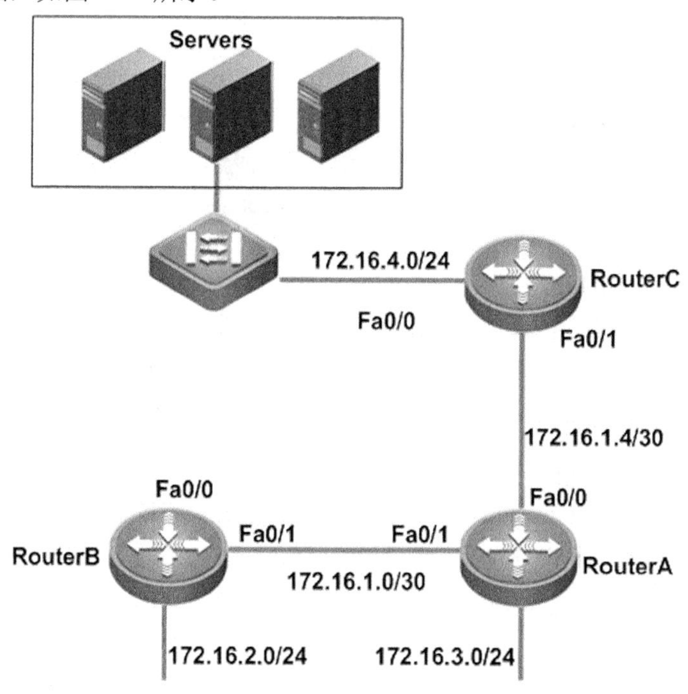

图 13-1

【实验设备】

路由器（软件版本为 RGNOS 10.1.00 及以上版本）3 台。

交换机（软件版本为 RGNOS 10.1.00 及以上版本）1 台。

PC 机 1 台。

【预备知识】

路由器基本配置知识、IP 路由知识、OSPF 路由协议。

【实验原理】

使用被动接口，禁止在连接服务器路由器的接口上发送 OSPF 更新和 hello 报文。

【实验步骤】

步骤 1　在路由器上配置 IP 路由选择和 IP 地址。

```
RA#config  t
RA(config)# interface FastEthernet 0/0
RA(config-if)#ip address 172.16.1.5 255.255.255.252
RA(config)#interface FastEthernet 0/1
RA(config-if)#ip address 172.16.1.1 255.255.255.252
RA(config)#interface Loopback 0
RA(config-if)#ip address 172.16.3.1 255.255.255.0

RB(config)#interface FastEthernet 0/1
RB(config-if)#ip address 172.16.1.2 255.255.255.252
RB(config)#interface Loopback 0
RB(config-if)#ip address 172.16.2.1 255.255.255.0

RC(config)#interface FastEthernet 0/0
RC(config-if)#ip address 172.16.4.1 255.255.255.0
RC(config)#interface FastEthernet 0/1
RC(config-if)#i p address 172.16.1.6 255.255.255.252
```

步骤 2　配置 OSPF。

```
RA(config)#router ospf 10
RC(config-router)#network 172.16.1.0 0.0.0.3 area 0
RC(config-router)#network 172.16.1.4 0.0.0.3 area 0
RC(config-router)#network 172.16.3.0 0.0.0.255 area 0

RB(config)#router ospf 10
RB(config-router)#network 172.16.1.0 0.0.0.3 area 0
RB(config-router)#network 172.16.2.0 0.0.0.255 area 0

RC(config)#router ospf 10
RC(config-router)#network 172.16.1.4 0.0.0.3 area 0
RC(config-router)#network 172.16.4.0 0.0.0.255 area 0
```

步骤 3　配置被动接口。

```
RC(config-router)#passive-interface FastEthernet 0/0
```

步骤 4　验证测试。

用 debug ip ospf packet send 来测试 OSPF 更新。

下面显示的是完成“步骤 2”时的测试，OSPF 更新和 hello 报文会从 Fa0/0 接口上发送，这样对于安全和带宽都有影响。

```
RC#debug ip ospf packet send
Sep  7 01:56:21 RC %7:SEND[Hello]: To 224.0.0.5 via FastEthernet 0/1:172.16.1.6,
length 48
Sep  7 01:56:26 RC %7:SEND[Hello]: To 224.0.0.5 via FastEthernet 0/0:172.16.4.1,
length 44
Sep  7 01:56:31 RC %7:SEND[Hello]: To 224.0.0.5 via FastEthernet 0/1:172.16.1.6,
length 48
Sep  7 01:56:37 RC %7:SEND[Hello]: To 224.0.0.5 via FastEthernet 0/0:172.16.4.1,
length 44
Sep  7 01:56:40 RC %7:SEND[Hello]: To 224.0.0.5 via FastEthernet 0/1:172.16.1.6,
length 48
Sep  7 01:56:47 RC %7:SEND[Hello]: To 224.0.0.5 via FastEthernet 0/0:172.16.4.1,
length 44
Sep  7 01:56:51 RC %7:SEND[Hello]: To 224.0.0.5 via FastEthernet 0/1:172.16.1.6,
length 48
Sep  7 01:56:56 RC %7:SEND[Hello]: To 224.0.0.5 via FastEthernet 0/0:172.16.4.1,
length 44
Sep  7 01:57:01 RC %7:SEND[Hello]: To 224.0.0.5 via FastEthernet 0/1:172.16.1.6,
length 48
Sep  7 01:57:07 RC %7:SEND[Hello]: To 224.0.0.5 via FastEthernet 0/0:172.16.4.1,
length 44
Sep  7 01:57:10 RC %7:SEND[Hello]: To 224.0.0.5 via FastEthernet 0/1:172.16.1.6,
length 48
Sep  7 01:57:17 RC %7:SEND[Hello]: To 224.0.0.5 via FastEthernet 0/0:172.16.4.1,
length 44
Sep  7 01:57:21 RC %7:SEND[Hello]: To 224.0.0.5 via FastEthernet 0/1:172.16.1.6,
length 48
```

下面显示的是完成“步骤 3”时的测试，OSPF 更新和 hello 只从 Fa0/1 接口上发送，不会从 Fa0/0 发送更新。

```
RC#debug ip ospf packet send
Sep  7 01:58:16 RC %7:SEND[LS-Upd]: 1 LSAs to destination 224.0.0.5
Sep  7 01:58:16 RC %7:SEND[LS-Upd]: To 224.0.0.5 via FastEthernet 0/1:172.16.1.6,
length 76
Sep  7 01:58:21 RC %7:SEND[Hello]: To 224.0.0.5 via FastEthernet 0/1:172.16.1.6,
length 48
Sep  7 01:58:31 RC %7:SEND[Hello]: To 224.0.0.5 via FastEthernet 0/1:172.16.1.6,
length 48
Sep  7 01:58:40 RC %7:SEND[Hello]: To 224.0.0.5 via FastEthernet 0/1:172.16.1.6,
length 48
```

```
Sep  7 01:58:50 RC %7:SEND[Hello]: To 224.0.0.5 via FastEthernet 0/1:172.16.1.6,
length 48
Sep  7 01:58:59 RC %7:SEND[Hello]: To 224.0.0.5 via FastEthernet 0/1:172.16.1.6,
length 48
Sep  7 01:59:10 RC %7:SEND[Hello]: To 224.0.0.5 via FastEthernet 0/1:172.16.1.6,
length 48
Sep  7 01:59:20 RC %7:SEND[Hello]: To 224.0.0.5 via FastEthernet 0/1:172.16.1.6,
length 48
Sep  7 01:59:29 RC %7:SEND[Hello]: To 224.0.0.5 via FastEthernet 0/1:172.16.1.6,
length 48
Sep  7 01:59:40 RC %7:SEND[Hello]: To 224.0.0.5 via FastEthernet 0/1:172.16.1.6,
length 48
Sep  7 01:59:50 RC %7:SEND[Hello]: To 224.0.0.5 via FastEthernet 0/1:172.16.1.6,
length 48
Sep  7 01:59:59 RC %7:SEND[Hello]: To 224.0.0.5 via FastEthernet 0/1:172.16.1.6,
length 48
Sep  7 02:00:10 RC %7:SEND[Hello]: To 224.0.0.5 via FastEthernet 0/1:172.16.1.6,
length 48
Sep  7 02:00:20 RC %7:SEND[Hello]: To 224.0.0.5 via FastEthernet 0/1:172.16.1.6,
length 48
```

【参考配置】

```
RA#show running-config
    Building configuration...
Current configuration : 699 bytes
    !
version RGNOS 10.1.00(4), Release(18443)(Tue Jul 17 20:50:30 CST 2007 -ubulserver)
hostname RA
!

enable secret 5 $1$db44$8x67vy78Dz5pq1xD
!
interface FastEthernet 0/0
 ip address 172.16.1.5 255.255.255.252
 duplex auto
 speed auto
!
interface FastEthernet 0/1
 ip address 172.16.1.1 255.255.255.252
 duplex auto
 speed auto
!
interface Loopback 0
```

```
 ip address 172.16.3.1 255.255.255.0
!
router ospf 10
 network 172.16.1.0 0.0.0.3 area 0
 network 172.16.1.4 0.0.0.3 area 0
 network 172.16.3.0 0.0.0.255 area 0
!
line con 0
line aux 0
line vty 0 4
 login
!
end!
```

RB#show running-config

```
Building configuration...
Current configuration : 634 bytes

!
version RGNOS 10.1.00(4), Release(18443)(Tue Jul 17 20:50:30 CST 2007 -ubulserver)
hostname RB
!
enable secret 5 $1$db44$8x67vy78Dz5pq1xD
!
interface FastEthernet 0/0
 duplex auto
 speed auto
 shutdown
!
interface FastEthernet 0/1
 ip address 172.16.1.2 255.255.255.252
 duplex auto
 speed auto
!
interface Loopback 0
 ip address 172.16.2.1 255.255.255.0
!
router ospf 10
 network 172.16.1.0 0.0.0.3 area 0
 network 172.16.2.0 0.0.0.255 area 0
!
!
```

```
line con 0
line aux 0
line vty 0 4
 login
!
end
```

RC#show running-config

```
Building configuration...
Current configuration : 660 bytes

!
version RGNOS 10.1.00(4), Release(18443)(Tue Jul 17 20:50:30 CST 2007 -ubulserver)
hostname RC
!
enable secret 5 $1$db44$8x67vy78Dz5pq1xD
!
interface FastEthernet 0/0
 ip address 172.16.4.1 255.255.255.0
 duplex auto
 speed auto
!
interface FastEthernet 0/1
 ip address 172.16.1.6 255.255.255.252
 duplex auto
 speed auto
!
interface Loopback 0
!
router ospf 10
 passive-interface FastEthernet 0/0
 network 172.16.1.4 0.0.0.3 area 0
 network 172.16.4.0 0.0.0.255 area 0
!
line con 0
line aux 0
line vty 0 4
 login
```

实验 14　调整路由的 AD 值

【实验名称】

调整路由的 AD 值。

【实验目的】

通过调整路由的管理距离值，实现路由的过滤和控制。

【背景描述】

某企业的 3 台路由器 Router A、Router B、Router C 运行了 RIP 路由协议，RouterA 分别与 RouterB、RouterC 连接。

【需求分析】

通过配置 Router A 的 RIP 管理距离，使 Router A 只能学到 RouterB 通告的路由，并忽略所有路由器的路由，且从 RouterB 学到路由的管理距离为 99。

【实验拓扑】

实验的拓扑图，如图 14-1 所示。

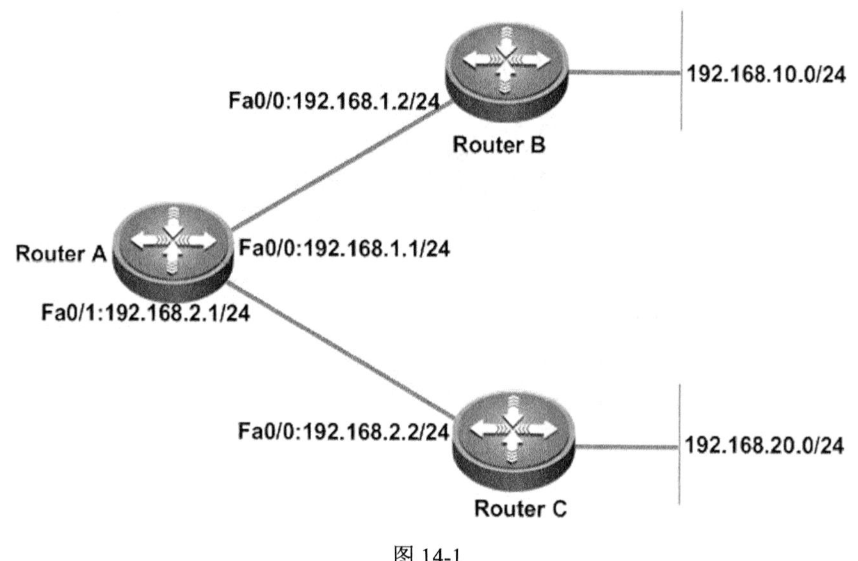

图 14-1

【实验设备】

路由器（软件版本为 RGNOS 10.1.00 及以上版本）3 台。

【预备知识】

路由器基本配置知识、IP 路由知识、RIP。

【实验原理】

修改管理距离来过滤和控制路由。

【实验步骤】

步骤 1　在路由器上配置 IP 路由选择和 IP 地址。

```
RA#config  t
RA(config)# interface FastEthernet 0/0
RA(config-if)# ip address 192.168.1.1 255.255.255.0
RA(config)#interface FastEthernet 0/1
RA(config-if)# ip address 192.168.2.1 255.255.255.0
RA(config)interface Loopback 1
RA(config-if)#ip address 10.1.1.1 255.255.255.0

RB(config)# interface FastEthernet 0/0
RB(config-if)#i p address 192.168.1.2 255.255.255.0
RB(config)#interface Loopback 0
RB(config-if)#ip address 192.168.10.1 255.255.255.

RC(config)# interface FastEthernet 0/0
RC(config-if)#ip address 192.168.2.2 255.255.255.0
RC(config)#interface Loopback 0
RC(config-if)#ip address 192.168.20.1 255.255.255.0
```

步骤 2　配置 RIP。

```
RA(config)# router rip
RA(config-router)#version 2
RA(config-router)#network 10.0.0.0
RA(config-router)#network 192.168.1.0
RA(config-router)#network 192.168.2.0
RA(config-router)#no auto-summary

RB(config)# router rip
RB(config-router)#version 2
RB(config-router)#network 192.168.1.0
RB(config-router)#network 192.168.10.0
RB(config-router)#no auto-summary

RC(config)# router rip
RC(config-router)#version 2
RC(config-router)#network 192.168.2.0
RC(config-router)#network 192.168.20.0
RC(config-router)#no auto-summary
```

步骤 3　修改管理距离。

```
RA(config)# router rip
RA(config-router)# distance 255
RA(config-router)#distance 99 192.168.1.2 0.0.0.0
```

步骤 4　验证测试。

在路由器 A 上用命令 show ip route 和 show ip rip 来验证配置。

```
RA#show ip route
Codes:  C - connected, S - static,  R - RIP B - BGP
        O - OSPF, IA - OSPF inter area
        N1 - OSPF NSSA external type 1, N2 - OSPF NSSA external type 2
        E1 - OSPF external type 1, E2 - OSPF external type 2
        i - IS-IS, L1 - IS-IS level-1, L2 - IS-IS level-2, ia - IS-IS inter area
        * - candidate default

Gateway of last resort is no set
C    10.1.1.0/24 is directly connected, Loopback 1
C    10.1.1.1/32 is local host.
C    192.168.1.0/24 is directly connected, FastEthernet 0/0
C    192.168.1.1/32 is local host.
C    192.168.2.0/24 is directly connected, FastEthernet 0/1
C    192.168.2.1/32 is local host.
R    192.168.10.0/24 [99/1] via 192.168.1.2, 00:00:19, FastEthernet 0/0

RA#show ip rip
Routing Protocol is "rip"
  Sending updates every 30 seconds, next due in 8 seconds
  Invalid after 180 seconds, flushed after 120 seconds
  Outgoing update filter list for all interface is: not set
  Incoming update filter list for all interface is: not set
  Default redistribution metric is 1
  Redistributing:
  Default version control: send version 2, receive version 2
    Interface             Send  Recv   Key-chain
    FastEthernet 0/0     2    2
    FastEthernet 0/1     2    2
    Loopback 1           2    2
  Routing for Networks:
    10.0.0.0
    192.168.1.0
    192.168.2.0
  Distance: (default is 255)
    Address           Distance  List
192.168.1.2/32        99
```

【参考配置】

```
RA#show running-config

Building configuration...
```

```
Current configuration : 724 bytes

!
version RGNOS 10.1.00(4), Release(18443)(Tue Jul 17 20:50:30 CST 2007 -ubulserver)
hostname RA
!
enable secret 5 $1$db44$8x67vy78Dz5pq1xD
!
interface FastEthernet 0/0
 ip address 192.168.1.1 255.255.255.0
 duplex auto
 speed auto
!
interface FastEthernet 0/1
 ip address 192.168.2.1 255.255.255.0
 duplex auto
 speed auto
!
interface Loopback 1
 ip address 10.1.1.1 255.255.255.0
!
router rip
 version 2
 network 10.0.0.0
 network 192.168.1.0
 network 192.168.2.0
 no auto-summary
 distance 255
 distance 99 192.168.1.2 0.0.0.0
!
line con 0
line aux 0
line vty 0 4
 login
!
end

RB#show running-config

Building configuration...
Current configuration : 621 bytes

!
```

```
version RGNOS 10.1.00(4), Release(18443)(Tue Jul 17 20:50:30 CST 2007 -ubulserver)
hostname RB
!
enable secret 5 $1$db44$8x67vy78Dz5pq1xD
!
interface FastEthernet 0/0
 ip address 192.168.1.2 255.255.255.0
 duplex auto
 speed auto
!
interface FastEthernet 0/1
 duplex auto
 speed auto
!
interface Loopback 0
 ip address 192.168.10.1 255.255.255.0
!
router rip
 version 2
 network 192.168.1.0
 network 192.168.10.0
 no auto-summary
!
line con 0
line aux 0
line vty 0 4
 login
!
end
```

RC#show running-config

```
Building configuration...
Current configuration : 621 bytes

!
version RGNOS 10.1.00(4), Release(18443)(Tue Jul 17 20:50:30 CST 2007 -ubulserver)
hostname RC
enable secret 5 $1$db44$8x67vy78Dz5pq1xD
!
interface FastEthernet 0/0
 ip address 192.168.2.2 255.255.255.0
 duplex auto
```

```
 speed auto
!
interface FastEthernet 0/1
 duplex auto
 speed auto
!
interface Loopback 0
 ip address 192.168.20.1 255.255.255.0
!
router rip
 version 2
 network 192.168.2.0
 network 192.168.20.0
 no auto-summary
!
line con 0
line aux 0
line vty 0 4
 login
!
end
```

实验 15　配置 RIP 与 OSPF 路由重发布

【实验名称】

配置 RIP 与 OSPF 路由重发布。

【实验目的】

通过路由重发实验，实现在不同路由协议之间发布路由的要点。

【背景描述】

某 IT 企业拥有 4 台路由器，企业网内部采用了两个路由协议：OSPF 和 RIP，在网络中有去往 200.1.1.0/24 网段的静态路由、去往 ISP 的默认路由。

【需求分析】

使用路由重发布，使内部网络的每台设备都能通信。

【实验拓扑】

实验的拓扑图，如图 15-1 所示。

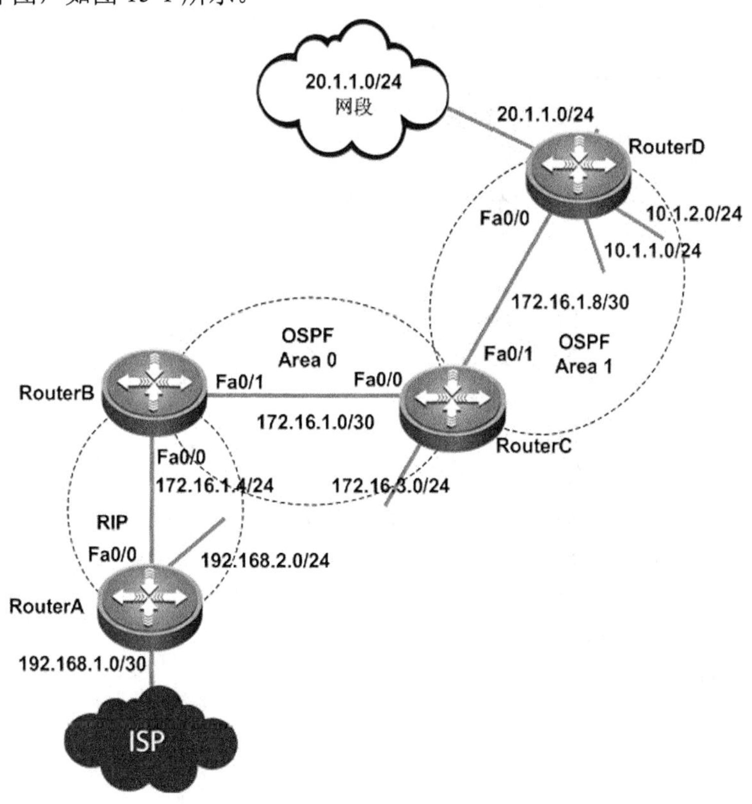

图 15-1

【实验设备】

路由器（软件版本为 RGNOS 10.1.00 及以上版本）4 台。

【预备知识】

路由器基本配置知识、IP 路由知识、RIP 路由协议、OSPF 路由协议。

【实验原理】

使用重分发命令来配置路由器，使其每台设备都通信。

【实验步骤】

步骤 1　在路由器上配置 IP 路由选择和 IP 地址。

```
RA#config  t
RA(config)# interface FastEthernet 0/0
RA(config-if)#ip address 172.16.1.5 255.255.255.252
RA(config)# interface Loopback 0
RA(config-if)#ip address 192.168.1.1 255.255.255.252
RA(config)#interface Loopback 1
RA(config-if)#ip address 192.168.2.1 255.255.255.0

RB(config)#interface FastEthernet 0/0
RB(config-if)#ip address 172.16.1.6 255.255.255.252
RB(config)#interface FastEthernet 0/1
RB(config-if)#ip address 172.16.1.1 255.255.255.252

RC(config)# interface FastEthernet 0/0
RC(config-if)# ip address 172.16.1.2 255.255.255.252
RC(config)# interface FastEthernet 0/1
RC(config-if)#ip address 172.16.1.9 255.255.255.252
RC(config)#interface Loopback 0
RC(config-if)#ip address 172.16.3.1 255.255.255.0
RD(config)#interface FastEthernet 0/0
RD(config-if)#ip address 172.16.1.10 255.255.255.252
RD(config)#interface Loopback 0
RD(config-if)#i p address 10.1.1.1 255.255.255.0
RD(config)#interface Loopback 1
RD(config-if)#ip address 10.1.2.1 255.255.255.0
RD(config)#interface Loopback 2
RD(config-if)#ip address 20.1.1.1 255.255.255.0
```

步骤 2　配置 RIP 和 OSPF。

```
RA(config)# router ospf 10
RA(config-router)#network 10.1.1.0 0.0.0.255 area 1
RA(config-router)#network 10.1.2.0 0.0.0.255 area 1
RA(config-router)#network 172.16.1.8 0.0.0.3 area 1

RB(config)#router ospf 10
RB(config-router)#network 172.16.1.0 0.0.0.3 area 0
```

```
RB(config)#router rip
RB(config-router)#version 2
RB(config-router)#network 172.16.0.0
RB(config-router)#no auto-summary

RC(config)#router ospf 10
RC(config-router)#network 172.16.1.0 0.0.0.3 area 0
RC(config-router)#network 172.16.1.8 0.0.0.3 area 1
RC(config-router)#network 172.16.3.0 0.0.0.255 area 0
RD(config)#router ospf 10
RD(config-router)#network 10.1.1.0 0.0.0.255 area 1
RD(config-router)#network 10.1.2.0 0.0.0.255 area 1
RD(config-router)#network 172.16.1.8 0.0.0.3 area 1
```

步骤 3　配置重发布。

```
RA(config)# router rip
RA(config-router)# default-information originate

RB(config)# router ospf 10
RB(config-router)#redistribute rip metric 50 subnets
RB(config-router)#default-information originate
RB(config)# router rip
RB(config-router)#redistribute ospf metric 1

RD(config)#router ospf 10
RD(config-router)#redistribute static subnets
```

步骤 4　验证测试。用 show ip route 命令测试。

```
RA#show ip route

Codes: C - connected, S - static,  R - RIP B - BGP
       O - OSPF, IA - OSPF inter area
       N1 - OSPF NSSA external type 1, N2 - OSPF NSSA external type 2
       E1 - OSPF external type 1, E2 - OSPF external type 2
       i - IS-IS, L1 - IS-IS level-1, L2 - IS-IS level-2, ia - IS-IS inter area
       * - candidate default
Gateway of last resort is 0.0.0.0 to network 0.0.0.0
S*   0.0.0.0/0 is directly connected, Loopback 0
R    10.1.1.1/32 [120/1] via 172.16.1.6, 00:00:23, FastEthernet 0/0
R    10.1.2.1/32 [120/1] via 172.16.1.6, 00:00:23, FastEthernet 0/0
R    172.16.1.0/30 [120/1] via 172.16.1.6, 00:00:23, FastEthernet 0/0
C    172.16.1.4/30 is directly connected, FastEthernet 0/0
C    172.16.1.5/32 is local host.
R    172.16.1.8/30 [120/1] via 172.16.1.6, 00:00:23, FastEthernet 0/0
R    172.16.3.1/32 [120/1] via 172.16.1.6, 00:00:23, FastEthernet 0/0
```

```
C    192.168.1.0/30 is directly connected, Loopback 0
C    192.168.1.1/32 is local host.
C    192.168.2.0/24 is directly connected, Loopback 1
C    192.168.2.1/32 is local host.
R    200.1.1.0/24 [120/1] via 172.16.1.6, 00:00:23, FastEthernet 0/0

RD#show ip route

Codes:  C - connected, S - static,  R - RIP B - BGP
        O - OSPF, IA - OSPF inter area
        N1 - OSPF NSSA external type 1, N2 - OSPF NSSA external type 2
        E1 - OSPF external type 1, E2 - OSPF external type 2
        i - IS-IS, L1 - IS-IS level-1, L2 - IS-IS level-2, ia - IS-IS inter area
        * - candidate default

Gateway of last resort is 172.16.1.9 to network 0.0.0.0
O*E2 0.0.0.0/0 [110/10] via 172.16.1.9, 00:27:21, FastEthernet 0/0
C    10.1.1.0/24 is directly connected, Loopback 0
C    10.1.1.1/32 is local host.
C    10.1.2.0/24 is directly connected, Loopback 1
C    10.1.2.1/32 is local host.
C    20.1.1.0/24 is directly connected, Loopback 2
C    20.1.1.1/32 is local host.
O IA 172.16.1.0/30 [110/2] via 172.16.1.9, 00:29:50, FastEthernet 0/0
C    172.16.1.8/30 is directly connected, FastEthernet 0/0
C    172.16.1.10/32 is local host.
O IA 172.16.3.0/24 [110/1] via 172.16.1.9, 00:29:50, FastEthernet 0/0
S    200.1.1.0/24 is directly connected, Loopback 2

RB#show ip route

Codes:  C - connected, S - static,  R - RIP B - BGP
        O - OSPF, IA - OSPF inter area
        N1 - OSPF NSSA external type 1, N2 - OSPF NSSA external type 2
        E1 - OSPF external type 1, E2 - OSPF external type 2
        i - IS-IS, L1 - IS-IS level-1, L2 - IS-IS level-2, ia - IS-IS inter area
        * - candidate default

Gateway of last resort is 172.16.1.5 to network 0.0.0.0
R*   0.0.0.0/0 [120/1] via 172.16.1.5, 00:00:02, FastEthernet 0/0
O IA 10.1.1.1/32 [110/2] via 172.16.1.2, 00:30:14, FastEthernet 0/1
O IA 10.1.2.1/32 [110/2] via 172.16.1.2, 00:30:04, FastEthernet 0/1
C    172.16.1.0/30 is directly connected, FastEthernet 0/1
C    172.16.1.1/32 is local host.
```

```
C    172.16.1.4/30 is directly connected, FastEthernet 0/0
C    172.16.1.6/32 is local host.
O IA 172.16.1.8/30 [110/2] via 172.16.1.2, 00:30:57, FastEthernet 0/1
O    172.16.3.1/32 [110/1] via 172.16.1.2, 00:30:57, FastEthernet 0/1
O E2 200.1.1.0/24 [110/20] via 172.16.1.2, 00:26:31, FastEthernet 0/1
```

【参考配置】

```
RA#show running-config

Building configuration...
Current configuration : 737 bytes
!
version RGNOS 10.1.00(4), Release(18443)(Tue Jul 17 20:50:30 CST 2007 -ubu1server)
hostname RA
!
enable secret 5 $1$db44$8x67vy78Dz5pq1xD
!
interface FastEthernet 0/0
 ip address 172.16.1.5 255.255.255.252
 duplex auto
 speed auto
!
interface FastEthernet 0/1
 duplex auto
 speed auto
!
interface Loopback 0
 ip address 192.168.1.1 255.255.255.252
!
interface Loopback 1
 ip address 192.168.2.1 255.255.255.0
!
router rip
 version 2
 network 172.16.0.0
 no auto-summary
 default-information originate
!
ip route  0.0.0.0 0.0.0.0  Loopback 0
!
line con 0
line aux 0
```

```
line vty 0 4
 login
!
end
```

RB#show running-config

```
Building configuration...
Current configuration : 728 bytes

!
version RGNOS 10.1.00(4), Release(18443)(Tue Jul 17 20:50:30 CST 2007 -ubulserver)
hostname RB
!
enable secret 5 $1$db44$8x67vy78Dz5pq1xD
!
interface FastEthernet 0/0
 ip address 172.16.1.6 255.255.255.252
 duplex auto
 speed auto
!
interface FastEthernet 0/1
 ip address 172.16.1.1 255.255.255.252
 duplex auto
 speed auto
!
router ospf 10
 redistribute rip metric 50 subnets
 network 172.16.1.0 0.0.0.3 area 0
 default-information originate
!
router rip
 version 2
 network 172.16.0.0
 no auto-summary
 redistribute ospf metric 1
!
line con 0
line aux 0
line vty 0 4
 login
!
end
```

```
RC#show running-config

Building configuration...
Current configuration : 699 bytes

!
version RGNOS 10.1.00(4), Release(18443)(Tue Jul 17 20:50:30 CST 2007 -ubulserver)
hostname RC
!
enable secret 5 $1$db44$8x67vy78Dz5pq1xD
!
interface FastEthernet 0/0
 ip address 172.16.1.2 255.255.255.252
 duplex auto
 speed auto
!
interface FastEthernet 0/1
 ip address 172.16.1.9 255.255.255.252
 duplex auto
 speed auto
!
interface Loopback 0
 ip address 172.16.3.1 255.255.255.0
!
router ospf 10
 network 172.16.1.0 0.0.0.3 area 0
 network 172.16.1.8 0.0.0.3 area 1
 network 172.16.3.0 0.0.0.255 area 0
!
line con 0
line aux 0
line vty 0 4
 login
!
end

RD#show running-config

Building configuration...
Current configuration : 858 bytes

!
version RGNOS 10.1.00(4), Release(18443)(Tue Jul 17 20:50:30 CST 2007 -ubulserver)
```

```
hostname RD
!
enable secret 5 $1$db44$8x67vy78Dz5pq1xD
!
interface FastEthernet 0/0
 ip address 172.16.1.10 255.255.255.252
 duplex auto
 speed auto
!
interface FastEthernet 0/1
 duplex auto
 speed auto
!
interface Loopback 0
 ip address 10.1.1.1 255.255.255.0
!
interface Loopback 1
 ip address 10.1.2.1 255.255.255.0
!
interface Loopback 2
 ip address 20.1.1.1 255.255.255.0
!
router ospf 10
 redistribute static subnets
 network 10.1.1.0 0.0.0.255 area 1
 network 10.1.2.0 0.0.0.255 area 1
 network 172.16.1.8 0.0.0.3 area 1
!
ip route  200.1.1.0 255.255.255.0  Loopback 2
!
line con 0
line aux 0
line vty 0 4
 login
!
end
```

实验 16　配置 ARP 检查

【实验名称】

配置 ARP 检查。

【实验目的】

使用交换机的 ARP 检查功能，防止 ARP 欺骗攻击。

【背景描述】

某企业的网络管理员发现最近经常有员工抱怨无法访问互联网，经过故障排查后，发现客户端 PC 上缓存网关的 ARP 绑定条目是错误的，从该现象可以判断网络中可能出现了 ARP 欺骗攻击，导致客户端 PC 不能获取正确的 ARP 条目，以至不能够访问外部网络。

【需求分析】

ARP 欺骗攻击是目前内部网络出现的最频繁的一种攻击。对于这种攻击，需要检查网络中 ARP 报文的合法性。交换机的 ARP 检查功能可以满足这个要求，防止 ARP 欺骗攻击。

【实验拓扑】

实验的拓扑图，如图 16-1 所示。

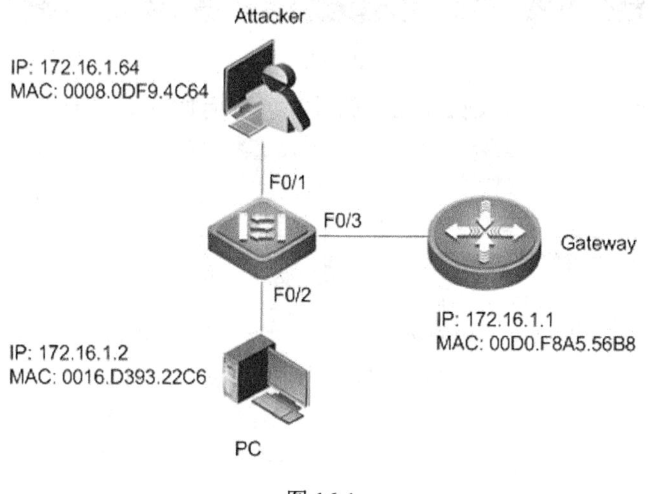

图 16-1

【实验设备】

交换机（软件版本为 RGNOS 10.1.00 及以上版本）1 台。

PC 机 2 台（其中一台需要安装 ARP 欺骗攻击工具 WinArpSpoofer 测试用）。

路由器（软件版本为 RGNOS 10.1.00 及以上版本）1 台（作为网关）。

【预备知识】

交换机转发原理、交换机基本配置、ARP 欺骗原理、ARP 检查原理。

【实验原理】

交换机的 ARP 检查功能，可以检查端口收到的 ARP 报文的合法性，并可以丢弃非法的 ARP 报文，防止 ARP 欺骗攻击。

【实验步骤】

步骤 1　配置 IP 地址，测试网络连通性。

按照拓扑图正确配置 PC 机、攻击机、路由器的 IP 地址，使用 ping 命令验证设备之间的连通性，保证可以互通。查看 PC 机本地的 ARP 缓存，ARP 表中存有正确的网关的 IP 与 MAC 地址绑定，如图 16-2 所示。

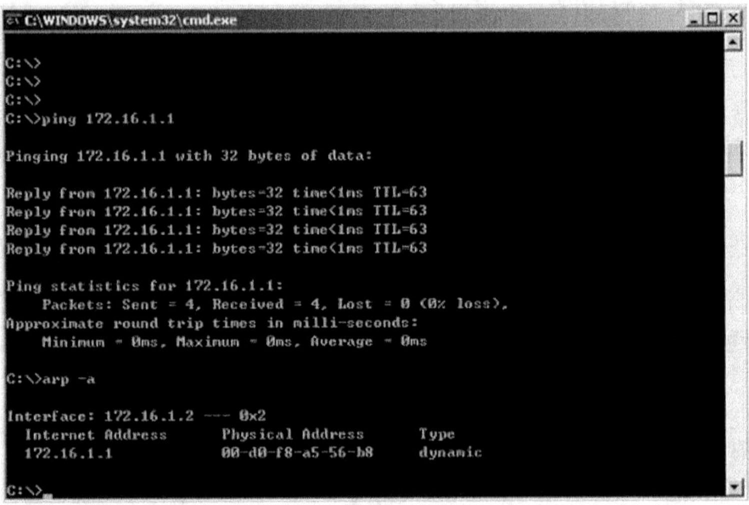

图 16-2

步骤 2　在攻击机上运行 WinArpSpoofer 软件后，界面如图 16-3 所示。

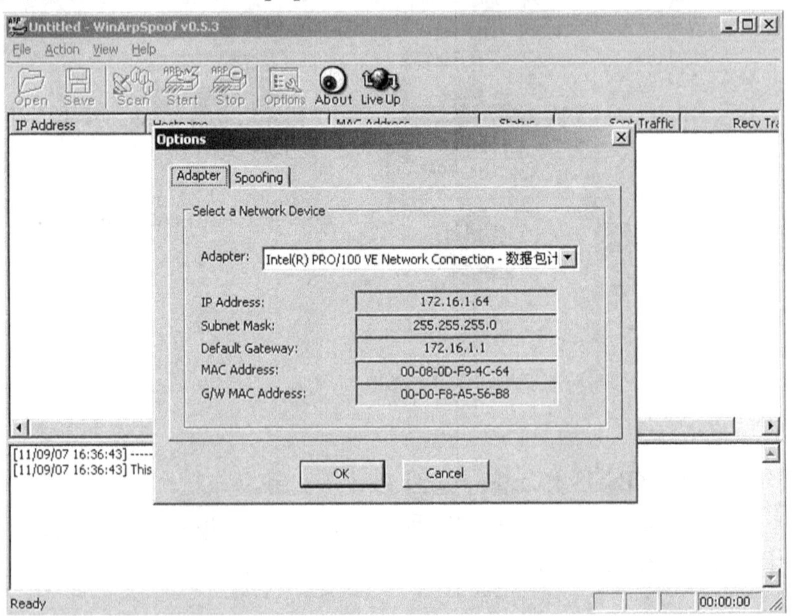

图 16-3

在“Adapter”选项卡中，选择正确的网卡后，WinArpSpoofer 会显示网卡的 IP 地址、掩码、网关、MAC 地址以及网关的 MAC 地址信息。

步骤 3　在 WinArpSpoofer 界面中选择“Spoofing”标签，打开“Spoofing”选项卡界面如图 16-4 所示。

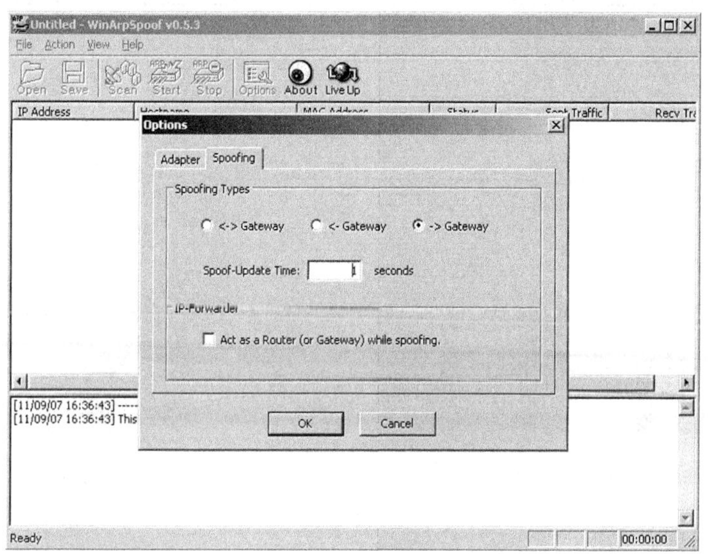

图 16-4

在“Spoofing”页面中，取消选中“Act as a Router（or Gateway）while spoofing.”选项。如果选中，软件还将进行 ARP 中间人攻击。配置完毕后，单击“OK”按钮。

步骤 4　使用 WinArpSpoofer 进行扫描。

单击工具栏中的“Scan”按钮，软件将扫描网络中的主机，并获取其 IP 地址、MAC 地址等信息，如图 16-5 所示。

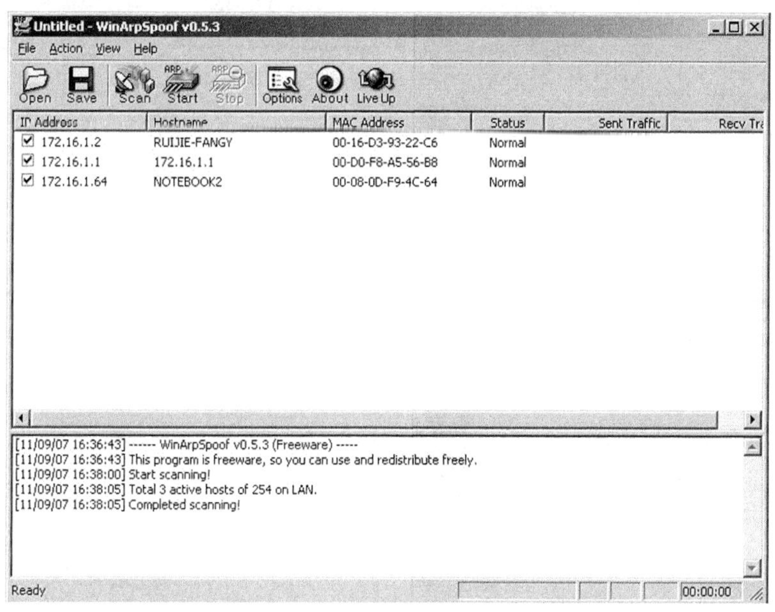

图 16-5

步骤 5　进行 ARP 欺骗。

单击工具栏中的“Start”按钮，软件将进行 ARP 欺骗攻击，如图 16-6 所示。

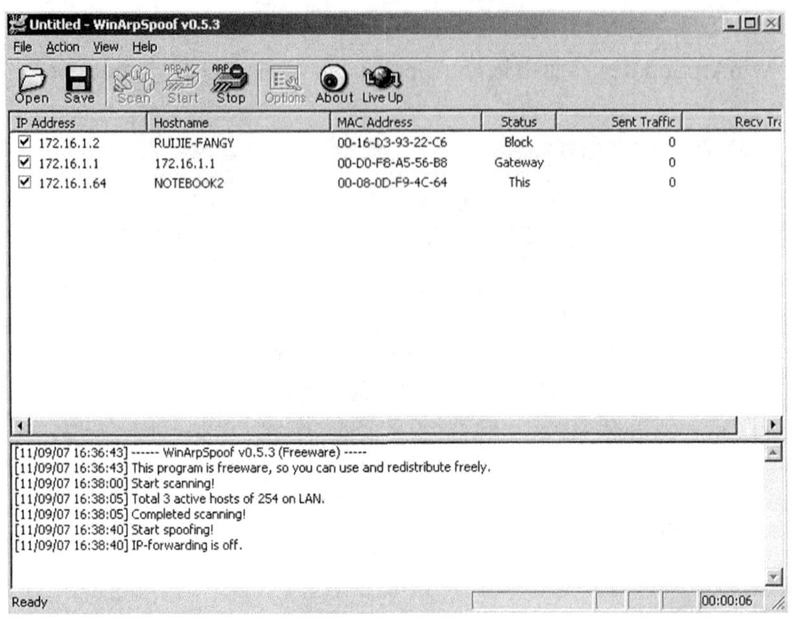

图 16-6

步骤 6　验证测试。

通过使用 Ethereal 捕获攻击机发出的报文，可以看出攻击机发送了经过伪造的 ARP 应答（Reply）报文，目的 MAC 地址为 PC 机的 MAC 地址（0016.d393.22c6）。攻击者“声称”网关（IP 地址为 172.16.1.1）的 MAC 地址为自己的 MAC 地址（0008.0df9.4c64），并“声称”自己（IP 地址为 172.16.1.64）的 MAC 地址为网关的 MAC 地址（00d0.f8a5.56b8），如图 16-7 所示。

No.	Time	Source	Destination	Protocol	Info
1	0.000000	Toshiba_f9:4c:64	Wistron_93:22:c6	ARP	172.16.1.64 is at 00:d0:f8:a5:56:b8
2	0.000256	Toshiba_f9:4c:64	Wistron_93:22:c6	ARP	172.16.1.1 is at 00:08:0d:f9:4c:64
3	1.000222	Toshiba_f9:4c:64	Wistron_93:22:c6	ARP	172.16.1.64 is at 00:d0:f8:a5:56:b8
4	1.000480	Toshiba_f9:4c:64	Wistron_93:22:c6	ARP	172.16.1.1 is at 00:08:0d:f9:4c:64
5	2.001408	Toshiba_f9:4c:64	Wistron_93:22:c6	ARP	172.16.1.64 is at 00:d0:f8:a5:56:b8
6	2.001672	Toshiba_f9:4c:64	Wistron_93:22:c6	ARP	172.16.1.1 is at 00:08:0d:f9:4c:64

```
⊞ Frame 2 (64 bytes on wire, 64 bytes captured)
⊞ Ethernet II, Src: Toshiba_f9:4c:64 (00:08:0d:f9:4c:64), Dst: Wistron_93:22:c6 (00:16:d3:93:22:c6)
⊟ Address Resolution Protocol (reply)
    Hardware type: Ethernet (0x0001)
    Protocol type: IP (0x0800)
    Hardware size: 6
    Protocol size: 4
    Opcode: reply (0x0002)
    Sender MAC address: Toshiba_f9:4c:64 (00:08:0d:f9:4c:64)
    Sender IP address: 172.16.1.1 (172.16.1.1)
    Target MAC address: Wistron_93:22:c6 (00:16:d3:93:22:c6)
    Target IP address: 0.0.172.16 (0.0.172.16)
```

图 16-7

步骤 7　验证测试。

使用 PC 机 ping 网关的地址，发现无法 ping 通。查看 PC 机的 ARP 缓存，可以看到 PC 机收到了伪造的 ARP 应答报文后，更新了 ARP 表，表中的条目为错误的绑定，即网关的 IP 地址与攻击机的 MAC 地址进行了绑定，如图 16-8 所示。

```
C:\>
C:\>arp -a

Interface: 172.16.1.2 --- 0x2
  Internet Address      Physical Address      Type
  172.16.1.1            00-08-0d-f9-4c-64     dynamic

C:\>ping 172.16.1.1

Pinging 172.16.1.1 with 32 bytes of data:

Request timed out.
Request timed out.
Request timed out.
Request timed out.

Ping statistics for 172.16.1.1:
    Packets: Sent = 4, Received = 0, Lost = 4 (100% loss),

C:\>_
```

图 16-8

步骤 8　配置 ARP 检查。

在交换机连接攻击者 PC 的端口上启用 ARP 检查功能，防止 ARP 欺骗攻击。

```
Switch#configure
Switch(config)#port-security arp-check
Switch(config)#interface fastEthernet 0/1
Switch(config-if)#switchport port-security
Switch(config-if)#switchport port-security mac-address 0008.0df9.4c64 ip-
address 172.16.1.64
! 将攻击者的 MAC 地址与其真实的 IP 地址绑定
```

步骤 9　验证测试。

启用 ARP 检查功能后，当交换机端口收到非法 ARP 报文后，会将其丢弃。这时在 PC 机上查看 ARP 缓存，可以看到 ARP 表中的条目是正确的，且 PC 可以 ping 通网关。(注意：由于 PC 机之前缓存了错误的 ARP 条目，所以需要等到错误条目超时或者使用 arp –d 命令进行手动删除之后，PC 机才能解析出正确的网关 MAC 地址，如图 16-9 所示。)

```
C:\>
C:\>
C:\>
C:\>ping 172.16.1.1

Pinging 172.16.1.1 with 32 bytes of data:

Reply from 172.16.1.1: bytes=32 time<1ms TTL=63
Reply from 172.16.1.1: bytes=32 time<1ms TTL=63
Reply from 172.16.1.1: bytes=32 time<1ms TTL=63
Reply from 172.16.1.1: bytes=32 time<1ms TTL=63

Ping statistics for 172.16.1.1:
    Packets: Sent = 4, Received = 4, Lost = 0 (0% loss),
Approximate round trip times in milli-seconds:
    Minimum = 0ms, Maximum = 0ms, Average = 0ms

C:\>arp -a

Interface: 172.16.1.2 --- 0x2
  Internet Address      Physical Address      Type
  172.16.1.1            00-d0-f8-a5-56-b8     dynamic

C:\>_
```

图 16-9

【注意事项】

WinArpSpoofer 软件仅可用于实验。

【参考配置】

```
Switch#show running-config

Building configuration...
Current configuration : 216 bytes

!
version 1.0
!
hostname Switch
vlan 1
!
port-security arp-check
interface fastEthernet 0/1
 switchport port-security
 switchport port-security mac-address 0008.0df9.4c64 ip-address 172.16.1.64
!
end
```

实验 17　配置 DHCP 监听

【实验名称】

配置 DHCP 监听（DHCP Snooping）。

【实验目的】

使用交换机的 DHCP 监听功能增强网络安全性。

【背景描述】

某企业网络，为了减小网络编址的复杂性和手工配置 IP 地址的工作量，使用了 DHCP 为网络中的设备分配 IP 地址。但网络管理员发现最近经常有员工抱怨无法访问网络资源，经过故障排查后，发现客户端 PC 通过 DHCP 获得了错误的 IP 地址，从该现象可以判断出网络中可能出现了 DHCP 攻击，有人私自架设了 DHCP 服务器（伪 DHCP 服务器）导致客户端 PC 不能获得正确的 IP 地址信息，以至不能够访问网络资源。

【需求分析】

对于网络中出现非法 DHCP 服务器的问题，需要防止其为客户端分配 IP 地址，仅允许合法的 DHCP 服务器提供服务。交换机的 DHCP 监听特性可以满足这个要求，阻止非法服务器为客户端分配 IP 地址。

【实验拓扑】

实验的拓扑图，如图 17-1 所示。

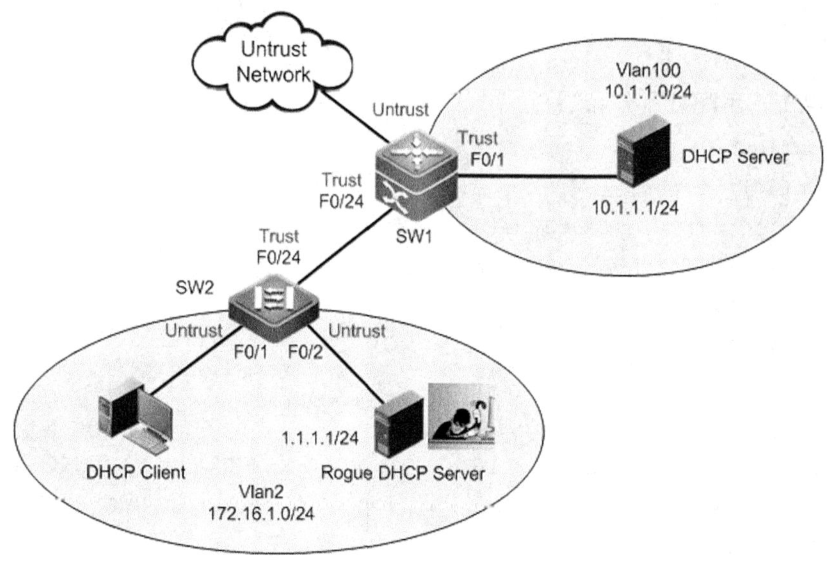

图 17-1

【实验设备】

三层交换机（软件版本为 RGNOS 10.1.00 及以上版本）1 台（支持 DHCP 监听）。

二层交换机（软件版本为 version 1.68 及以上版本）1 台（支持 DHCP 监听）。

PC 机 3 台（其中 2 台需安装 DHCP 服务器）。

【预备知识】

交换机转发原理、交换机基本配置、DHCP 监听原理。

【实验原理】

交换机的 DHCP 监听特性可以通过过滤网络中接入的伪 DHCP（非法的、不可信的）发送的 DHCP 报文增强网络安全性。DHCP 监听还可以检查 DHCP 客户端发送的 DHCP 报文的合法性，防止 DHCP DoS 攻击。

【实验步骤】

步骤 1　配置 DHCP 服务器。

将两台 PC 配置为 DHCP 服务器，一台用作合法服务器，另一台用作伪服务器（Rogue DHCP Server）。可以使用 Windows Server 配置 DHCP 服务器，或者使用第三方 DHCP 服务器软件。合法 DHCP 服务器中的地址池为 172.16.1.0/24，伪 DHCP 服务器的地址池为 1.1.1.0/24。

步骤 2　SW2 基本配置（接入层）。

```
Switch#configure
Switch(config)#hostname SW2
SW2 (config)#vlan 2
SW2 (config-vlan)#exit
SW2 (config)#interface range fastEthernet 0/1-2
SW2 (config-if-range)#switchport access vlan 2
SW2 (config)#interface fastEthernet 0/24
SW2 (config-if)#switchport mode trunk
SW2 (config-if)#end
SW2#
```

步骤 3　SW1 基本配置（分布层）。

```
Switch#configure
Switch(config)#hostname SW1
SW1 (config)#interface fastEthernet 0/24
SW1 (config-if)#switchport mode trunk
SW1 (config-if)#exit
SW1 (config)#vlan 2
SW1 (config-vlan)#exit
SW1 (config)#interface vlan 2
SW1 (config-if)#ip address 172.16.1.1 255.255.255.0
SW1 (config-if)#exit
SW1 (config)#vlan 100
SW1 (config-vlan)#exit
SW1 (config)#interface vlan 100
SW1 (config-if)#ip address 10.1.1.2 255.255.255.0
SW1 (config-if)#exit
```

```
SW1 (config)#interface fastEthernet 0/1
SW1 (config-if)#switchport access vlan 100
SW1 (config-if)#end
SW1#
```

步骤 4　将 SW1 配置为 DHCP Relay。

```
SW1#configure
SW1 (config)#service dhcp
SW1 (config)#ip helper-address 10.1.1.1
! 配置 DHCP 中继，指明 DHCP 服务器地址
SW1 (config)#end
SW1#
```

步骤 5　验证测试。

确保两台 DHCP 服务器可以正常工作。将客户端 PC 配置为自动获取地址后，接入交换机端口，此时可以看到客户端从伪 DHCP 服务器获得了错误的地址，如图 17-2 所示。

```
Ethernet adapter 本地连接:

        Connection-specific DNS Suffix  . :
        Description . . . . . . . . . . . : Realtek RTL8139/810x Fam
ernet NIC
        Physical Address. . . . . . . . . : 00-15-F2-DC-96-A4
        Dhcp Enabled. . . . . . . . . . . : Yes
        Autoconfiguration Enabled . . . . : Yes
        IP Address. . . . . . . . . . . . : 1.1.1.2
        Subnet Mask . . . . . . . . . . . : 255.255.255.0
        Default Gateway . . . . . . . . . :
        DHCP Server . . . . . . . . . . . : 1.1.1.1
        DNS Servers . . . . . . . . . . . : 202.106.46.151
                                            201.106.0.20
        Lease Obtained. . . . . . . . . . : 2007年11月14日 10:28:18
        Lease Expires . . . . . . . . . . : 2007年11月15日 10:28:18
```

图 17-2

图 17-3 是在客户端上使用 Ethereal 捕获的报文，可以看到，客户端先接收到了伪 DHCP 服务器发送的 DHCP Offer 报文，后收到通过 DHCP Relay 发送的 DHCP Offer 报文。根据通常 DHCP 协议的实现，客户端将使用收到的第一个响应报文（DHCP Offer）中的信息。

No.	Time	Source	Destination	Protocol	Info
1	0.000000	0.0.0.0	255.255.255.255	DHCP	DHCP Discover - Transaction ID 0xe516f721
2	0.000858	1.1.1.1	1.1.1.2	ICMP	Echo (ping) request
3	0.002351	10.1.1.1	172.16.1.2	ICMP	Echo (ping) request
4	0.501732	1.1.1.1	1.1.1.2	ICMP	Echo (ping) request
5	0.502822	10.1.1.1	172.16.1.2	ICMP	Echo (ping) request
6	1.002745	1.1.1.1	255.255.255.255	DHCP	DHCP Offer - Transaction ID 0xe516f721
7	1.003093	0.0.0.0	255.255.255.255	DHCP	DHCP Request - Transaction ID 0xe516f721
8	1.003894	1.1.1.1	255.255.255.255	DHCP	DHCP ACK - Transaction ID 0xe516f721
9	1.004165	172.16.1.1	172.16.1.2	DHCP	DHCP Offer - Transaction ID 0xe516f721
10	1.005812	AsustekC_dc:96:a4	Broadcast	ARP	Who has 1.1.1.2? Gratuitous ARP
11	1.703921	AsustekC_dc:96:a4	Broadcast	ARP	Who has 1.1.1.2? Gratuitous ARP
12	2.703887	AsustekC_dc:96:a4	Broadcast	ARP	Who has 1.1.1.2? Gratuitous ARP

图 17-3

步骤 6　在 SW1 上配置 DHCP 监听。

```
SW1#configure
SW1 (config)#ip dhcp snooping
! 开启 DHCP snooping 功能
```

```
SW1 (config)#interface fastEthernet 0/1
SW1 (config-if)#ip dhcp snooping trust
! 配置 F0/1 为 trust 端口
SW1 (config-if)#exit
SW1 (config)#interface fastEthernet 0/24
SW1 (config-if)#ip dhcp snooping trust
! 配置 F0/24 为 trust 端口
SW1 (config-if)#end
SW1#
```

步骤 7　在 SW2 上配置 DHCP 监听。

```
SW2#configure
SW2 (config)#ip dhcp snooping
SW2 (config)#interface fastEthernet 0/24
SW2 (config-if)#ip dhcp snooping trust
SW2 (config-if)#end
SW2#
```

步骤 8　验证测试。

将客户端之前获得的错误 IP 地址释放（使用 Windows 命令行 ipconfig /release），再使用 ipconfig /renew 重新获取地址，可以看到客户端获取到了正确的 IP 地址，如图 17-4 所示。

```
Ethernet adapter 本地连接:

        Connection-specific DNS Suffix  . :
        Description . . . . . . . . . . . : Realtek RTL8139/810x Family
ernet NIC
        Physical Address. . . . . . . . . : 00-15-F2-DC-96-A4
        Dhcp Enabled. . . . . . . . . . . : Yes
        Autoconfiguration Enabled . . . . : Yes
        IP Address. . . . . . . . . . . . : 172.16.1.2
        Subnet Mask . . . . . . . . . . . : 255.255.255.0
        Default Gateway . . . . . . . . . : 172.16.1.1
        DHCP Server . . . . . . . . . . . : 10.1.1.1
        DNS Servers . . . . . . . . . . . : 202.106.46.151
                                            201.106.0.20
        Lease Obtained. . . . . . . . . . : 2007年11月14日 10:54:26
        Lease Expires . . . . . . . . . . : 2007年11月15日 10:54:26
```

图 17-4

由于配置了 DHCP 监听，并且伪 DHCP 服务器连接的端口为非信任端口，所以交换机丢弃了伪 DHCP 服务器发送的响应报文。图 17-5 是在客户端上使用 Ethereal 捕获的报文，可以看到，客户端只接收到了通过 DHCP Relay 发送的 DHCP Offer 报文，未接收到伪 DHCP 服务器发送的 DHCP Offer 报文。

No.	Time	Source	Destination	Protocol	Info
1	0.000000	0.0.0.0	255.255.255.255	DHCP	DHCP Discover - Transaction ID 0xb76955a9
2	0.003803	FujianSt_21:a5:43	Broadcast	ARP	Who has 172.16.1.2? Tell 172.16.1.1
3	1.005166	172.16.1.1	172.16.1.2	DHCP	DHCP Offer - Transaction ID 0xb76955a9
4	1.005541	0.0.0.0	255.255.255.255	DHCP	DHCP Request - Transaction ID 0xb76955a9
5	1.009046	172.16.1.1	172.16.1.2	DHCP	DHCP ACK - Transaction ID 0xb76955a9
6	1.011269	AsustekC_dc:96:a4	Broadcast	ARP	Who has 172.16.1.2? Gratuitous ARP
7	1.011914	10.1.1.1	172.16.1.2	ICMP	Echo (ping) request
8	1.078342	AsustekC_dc:96:a4	Broadcast	ARP	Who has 172.16.1.2? Gratuitous ARP
9	2.078308	AsustekC_dc:96:a4	Broadcast	ARP	Who has 172.16.1.2? Gratuitous ARP

图 17-5

【注意事项】

DHCP 监听只能配置在物理端口上，不能配置在 VLAN 接口上。

【参考配置】

```
SW1#show running-config

Building configuration...
Current configuration : 1427 bytes

!
hostname SW1
!
!
!
vlan 1
!
vlan 2
!
vlan 100
!
!
service dhcp
ip helper-address 10.1.1.1
ip dhcp snooping
!
!
!
!
interface FastEthernet 0/1
 switchport access vlan 100
 ip dhcp snooping trust
!
interface FastEthernet 0/2
!
interface FastEthernet 0/3
!
interface FastEthernet 0/4
!
interface FastEthernet 0/5
!
interface FastEthernet 0/6
!
interface FastEthernet 0/7
```

```
!
interface FastEthernet 0/8
!
interface FastEthernet 0/9
!
interface FastEthernet 0/10
!
interface FastEthernet 0/11
!
interface FastEthernet 0/12
!
interface FastEthernet 0/13
!
interface FastEthernet 0/14
!
interface FastEthernet 0/15
!
interface FastEthernet 0/16
!
interface FastEthernet 0/17
!
interface FastEthernet 0/18
!
interface FastEthernet 0/19
!
interface FastEthernet 0/20
!
interface FastEthernet 0/21
!
interface FastEthernet 0/22
!
interface FastEthernet 0/23
!
interface FastEthernet 0/24
 switchport mode trunk
  ip dhcp snooping trust
!
interface GigabitEthernet 0/25
!
interface GigabitEthernet 0/26
!
interface GigabitEthernet 0/27
```

```
!
interface GigabitEthernet 0/28
!
interface VLAN 2
 ip address 172.16.1.1 255.255.255.0
!
interface VLAN 100
 ip address 10.1.1.2 255.255.255.0
!
line con 0
line vty 0 4
 login
!
!
end
```

SW2#sh running-config

```
Building configuration...
Current configuration : 1254 bytes

!
hostname SW2
!
!
!
vlan 1
!
vlan 2
!
!
```

ip dhcp snooping

```
!
!
interface FastEthernet 0/1
 switchport access vlan 2
!
interface FastEthernet 0/2
 switchport access vlan 2
!
interface FastEthernet 0/3
!
interface FastEthernet 0/4
```

```
!
interface FastEthernet 0/5
!
interface FastEthernet 0/6
!
interface FastEthernet 0/7
!
interface FastEthernet 0/8
!
interface FastEthernet 0/9
!
interface FastEthernet 0/10
!
interface FastEthernet 0/11
!
interface FastEthernet 0/12
!
interface FastEthernet 0/13
!
interface FastEthernet 0/14
!
interface FastEthernet 0/15
!
interface FastEthernet 0/16
!
interface FastEthernet 0/17
!
interface FastEthernet 0/18
!
interface FastEthernet 0/19
!
interface FastEthernet 0/20
!
interface FastEthernet 0/21
!
interface FastEthernet 0/22
!
interface FastEthernet 0/23
!
interface FastEthernet 0/24
 switchport mode trunk
 ip dhcp snooping trust
```

```
!
interface GigabitEthernet 0/25
!
interface GigabitEthernet 0/26
!
interface GigabitEthernet 0/27
!
interface GigabitEthernet 0/28
!
!
!
!
!
line con 0
line vty 0 4
 login
!
!
end
```

实验 18 配置动态 ARP 检测

【实验名称】

配置动态 ARP 检测。

【实验目的】

使用交换机的 DAI 功能增强网络安全性。

【背景描述】

某企业的网络管理员发现最近经常有员工抱怨无法访问互联网，经过故障排查后，发现客户端 PC 上缓存网关的 ARP 绑定条目是错误的，从该现象可以判断网络中可能出现了 ARP 欺骗攻击，导致客户端 PC 不能获取正确的 ARP 条目，以至不能够访问外部网络。

如果通过交换机的 ARP 检查功能解决此问题，需要在每个接入端口上配置地址绑定，工作量过大，因此考虑用 DAI 功能来解决 ARP 欺骗攻击的问题。

【需求分析】

ARP 欺骗攻击是目前内部网络中出现最频繁的一种攻击。对于这种攻击，需要检查网络中 ARP 报文的合法性。交换机的 DAI 功能可以满足这个要求，防止 ARP 欺骗攻击。

【实验拓扑】

实验的拓扑图，如图 18-1 所示。

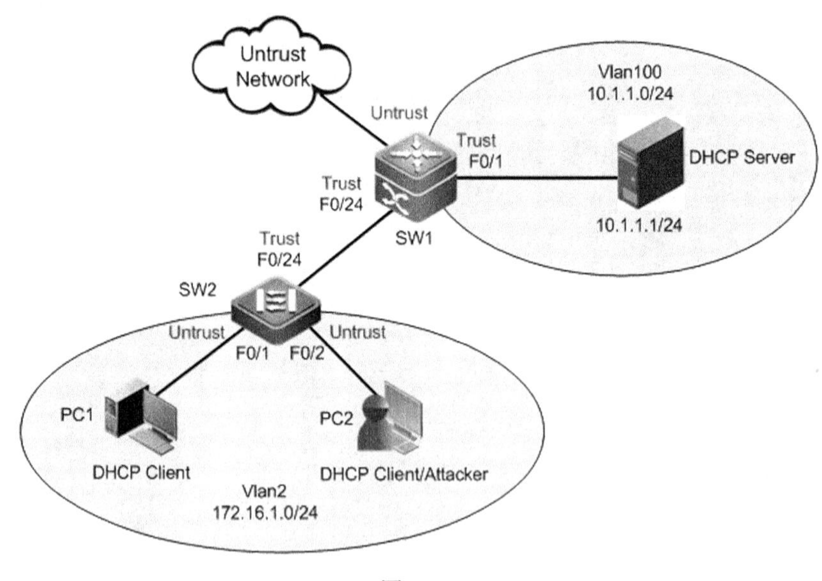

图 18-1

【实验设备】

二层交换机（软件版本为 version 1.68 及以上版本）1 台（支持 DHCP 监听与 DAI）。

三层交换机（软件版本为 RGNOS 10.1.00 及以上版本）1 台（支持 DHCP 监听与 DAI）。

PC 机 3 台（其中 1 台需安装 DHCP 服务器，另 1 台安装 ARP 欺骗攻击工具 WinArpSpoofer 测试用）。

【预备知识】

交换机转发原理、交换机基本配置、DHCP 监听原理、DAI 原理、ARP 欺骗原理。

【实验原理】

交换机的 DAI 功能可以检查端口收到的 ARP 报文的合法性，并可以丢弃非法的 ARP 报文，防止 ARP 欺骗攻击。

【实验步骤】

步骤 1　配置 DHCP 服务器。

将 1 台 PC 配置为 DHCP 服务器，可以使用 Windows Server 配置 DHCP 服务器，或者使用第三方 DHCP 服务器软件。DHCP 服务器中的地址池为 172.16.1.0/24。

步骤 2　SW2 基本配置及 DHCP 监听配置（接入层）。

```
Switch#configure
Switch(config)#hostname SW2
SW2(config)#vlan 2
SW2(config-vlan)#exit
SW2(config)#interface range fastEthernet 0/1-2
SW2(config-if-range)#switchport access vlan 2
SW2(config-if-range)#exit
SW2(config)#interface fastEthernet 0/24
SW2(config-if)#switchport mode trunk
SW2(config-if)#exit
SW2(config)#ip dhcp snooping
SW2(config)#interface fastEthernet 0/24
SW2(config-if)#ip dhcp snooping trust
SW2(config-if)#end
SW2#
```

步骤 3　SW1 基本配置、DHCP 监听配置及 DHCP Relay 配置（分布层）。

```
Switch#configure
Switch(config)#hostname SW1
SW1(config)#interface fastEthernet 0/24
SW1(config-if)#switchport mode trunk
SW1(config-if)#exit
SW1(config)#vlan 2
SW1(config-vlan)#exit
SW1(config)#interface vlan 2
SW1(config-if)#ip address 172.16.1.1 255.255.255.0
SW1(config-if)#exit
SW1(config)#vlan 100
SW1(config-vlan)#exit
```

```
SW1(config)#interface vlan 100
SW1(config-if)#ip address 10.1.1.2 255.255.255.0
SW1(config-if)#exit
SW1(config)#interface fastEthernet 0/1
SW1(config-if)#switchport access vlan 100
SW1(config-if)#exit
SW1(config)#ip dhcp snooping
! 启用 DHCP snooping 功能
SW1(config)#interface fastEthernet 0/1
SW1(config-if)#ip dhcp snooping trust
! 配置 F0/1 端口为 trust 端口
SW1(config-if)#exit
SW1(config)#interface fastEthernet 0/24
SW1(config-if)#ip dhcp snooping trust
! 配置 F0/24 端口为 trust 端口
SW1(config-if)#exit
SW1(config)#service dhcp
SW1(config)#ip helper-address 10.1.1.1
! 配置 DHCP 中继，指明 DHCP 服务器地址
SW1(config)#end
SW1#
```

步骤 4　验证测试。

确保 DHCP 服务器可以正常工作。将客户端 PC1 和 PC2（攻击机）配置为自动获取地址后，接入交换机端口，此时可以看到从 DHCP 服务器获得了地址。

PC1 地址配置信息，获取地址为 172.16.1.2，如图 18-2 所示。

```
Ethernet adapter 本地连接:

        Connection-specific DNS Suffix  . :
        Description . . . . . . . . . . . : Realtek RTL8139/810x Family
ernet NIC
        Physical Address. . . . . . . . . : 00-15-F2-DC-96-A4
        Dhcp Enabled. . . . . . . . . . . : Yes
        Autoconfiguration Enabled . . . . : Yes
        IP Address. . . . . . . . . . . . : 172.16.1.2
        Subnet Mask . . . . . . . . . . . : 255.255.255.0
        Default Gateway . . . . . . . . . : 172.16.1.1
        DHCP Server . . . . . . . . . . . : 10.1.1.1
        Lease Obtained. . . . . . . . . . : 2007年11月14日 17:30:40
        Lease Expires . . . . . . . . . . : 2007年11月15日 17:30:40
```

图 18-2

PC2 地址配置信息，获取地址为 172.16.1.3，如图 18-3 所示。

```
Ethernet adapter 本地连接:

        Connection-specific DNS Suffix  . :
        Description . . . . . . . . . . . : NVIDIA nForce Networking Controller
        Physical Address. . . . . . . . . : 00-16-D3-93-22-C6
        Dhcp Enabled. . . . . . . . . . . : Yes
        Autoconfiguration Enabled . . . . : Yes
        IP Address. . . . . . . . . . . . : 172.16.1.3
        Subnet Mask . . . . . . . . . . . : 255.255.255.0
        Default Gateway . . . . . . . . . : 172.16.1.1
        DHCP Server . . . . . . . . . . . : 10.1.1.1
        Lease Obtained. . . . . . . . . . : 2007年11月15日 10:13:14
        Lease Expires . . . . . . . . . . : 2007年11月16日 10:13:14
```

图 18-3

在 SW2 上查看 DHCP 监听绑定信息。

```
SW2#show ip dhcp snooping binding

Total number of bindings: 2

MacAddress      IpAddress  Lease(sec)  Type           VLAN  Interface
------------------  ----------------------  -----  ---------------------
0015.f2dc.96a4  172.16.1.2   79364    dhcp-snooping  2    FastEthernet 0/1
0016.d393.22c6  172.16.1.3   85420    dhcp-snooping  2    FastEthernet 0/2
```

步骤 5　验证测试。

使用 ping 命令验证设备之间的连通性，保证可以互通。查看 PC1 机本地的 ARP 缓存，ARP 表中存有正确的网关 IP 与 MAC 地址绑定，如图 18-4 所示。

```
C:\>ping 172.16.1.1

Pinging 172.16.1.1 with 32 bytes of data:

Reply from 172.16.1.1: bytes=32 time=1ms TTL=64
Reply from 172.16.1.1: bytes=32 time<1ms TTL=64
Reply from 172.16.1.1: bytes=32 time<1ms TTL=64
Reply from 172.16.1.1: bytes=32 time<1ms TTL=64

Ping statistics for 172.16.1.1:
    Packets: Sent = 4, Received = 4, Lost = 0 (0% loss),
Approximate round trip times in milli-seconds:
    Minimum = 0ms, Maximum = 1ms, Average = 0ms

C:\>arp -a

Interface: 172.16.1.3 --- 0x2
  Internet Address      Physical Address      Type
  172.16.1.1            00-d0-f8-21-a5-43     dynamic
  172.16.1.2            00-15-f2-dc-96-a4     dynamic
```

图 18-4

步骤 6　在攻击机上运行 WinArpSpoofer 软件后，界面如图 18-5 所示。

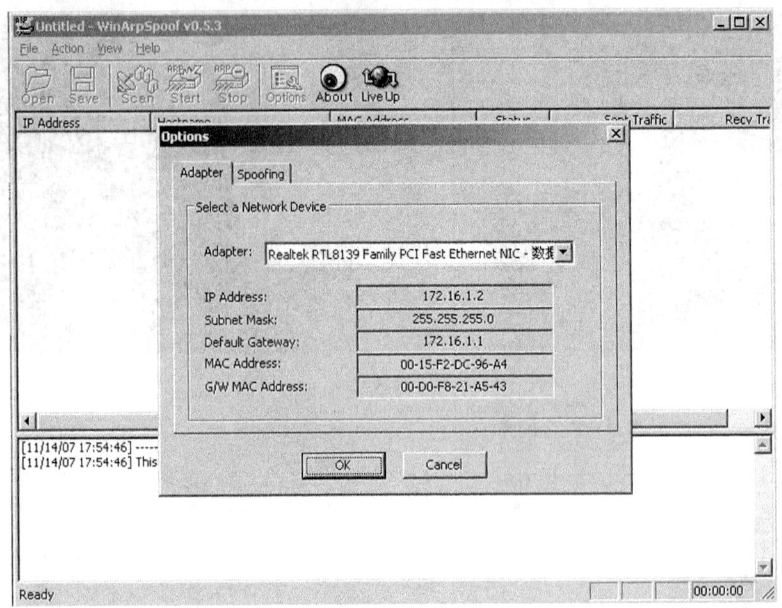

图 18-5

在“Adapter”页面中，选择正确的网卡后，WinArpSpoofer 会显示网卡的 IP 地址、掩码、网关、MAC 地址以及网关的 MAC 地址信息。

步骤 7　在 WinArpSpoofer 界面中选择“Spoofing”标签，打开“Spoofing”选项卡，如图 18-6 所示。

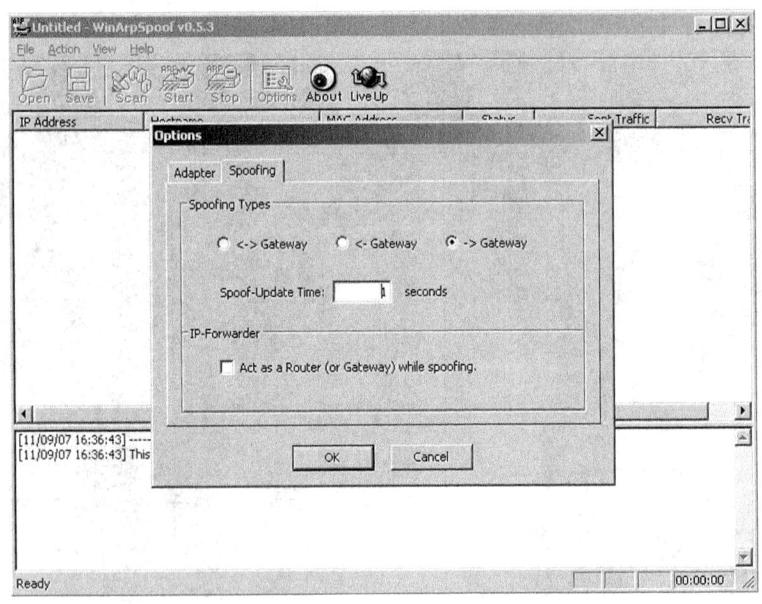

图 18-6

在“Spoofing”页面中，取消选中“Act as a Router（or Gateway）while spoofing.”选项。如果选中，软件还将进行 ARP 中间人攻击。配置完毕后，单击“OK”按钮。

步骤 8　使用 WinArpSpoofer 进行扫描。

单击工具栏中的“Scan”按钮，软件将会扫描网络中的主机，并获取其 IP 地址、MAC 地址等信息，如图 18-7 所示。

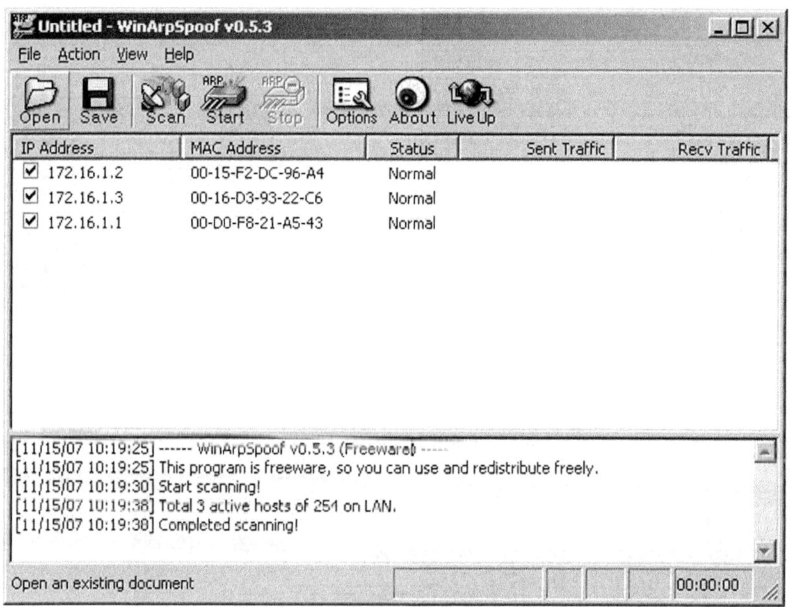

图 18-7

步骤 9　进行 ARP 欺骗。

单击工具栏中的“Star”按钮，软件将进行 ARP 欺骗攻击，如图 18-8 所示。

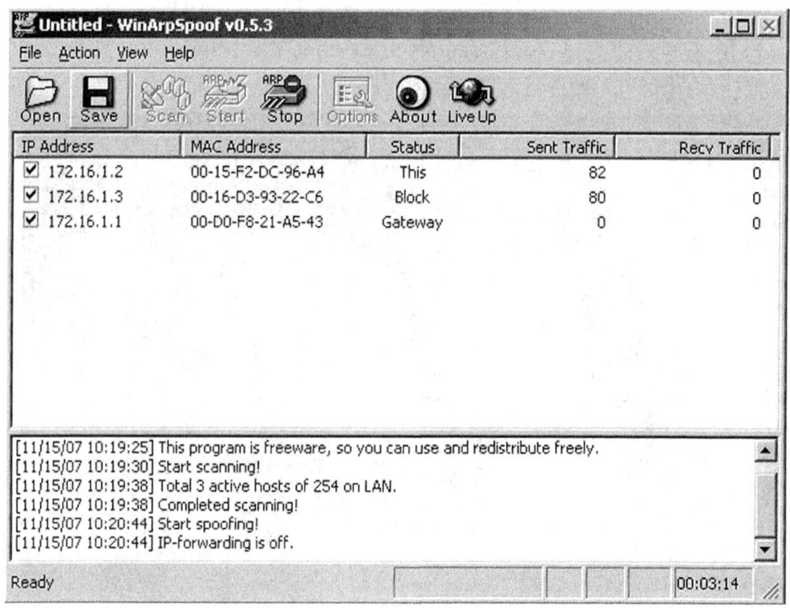

图 18-8

步骤 10　验证测试。

通过使用 Ethereal 捕获攻击机发出的报文，可以看出攻击机发送了经过伪造的 ARP 应答（Reply）报文，目的 MAC 地址为 PC1 的 MAC 地址（0016.d393.22c6）。攻击者“声称”网关（IP 地址为 172.16.1.1）的 MAC 地址为自己的 MAC 地址（0015.f2dc.96a4），并“声称”自己（IP 地址为 172.16.1.2）的 MAC 地址为网关的 MAC 地址（00d0.f821.a543）。

No.	Time	Source	Destination	Protocol	Info
1	0.000000	AsustekC_dc:96:a4	Wistron_93:22:c6	ARP	Who has 0.0.172.16? Tell 172.16.1.2
2	0.000096	AsustekC_dc:96:a4	Wistron_93:22:c6	ARP	Who has 0.0.172.16? Tell 172.16.1.1
3	0.001441	AsustekC_dc:96:a4	Wistron_93:22:c6	ARP	172.16.1.2 is at 00:d0:f8:21:a5:43
4	0.001613	AsustekC_dc:96:a4	Wistron_93:22:c6	ARP	172.16.1.1 is at 00:15:f2:dc:96:a4
5	0.991781	AsustekC_dc:96:a4	Wistron_93:22:c6	ARP	172.16.1.2 is at 00:d0:f8:21:a5:43
6	0.992035	AsustekC_dc:96:a4	Wistron_93:22:c6	ARP	172.16.1.1 is at 00:15:f2:dc:96:a4
7	1.992028	AsustekC_dc:96:a4	Wistron_93:22:c6	ARP	172.16.1.2 is at 00:d0:f8:21:a5:43
8	1.992179	AsustekC_dc:96:a4	Wistron_93:22:c6	ARP	172.16.1.1 is at 00:15:f2:dc:96:a4
9	2.991694	AsustekC_dc:96:a4	Wistron_93:22:c6	ARP	172.16.1.2 is at 00:d0:f8:21:a5:43
10	2.991842	AsustekC_dc:96:a4	Wistron_93:22:c6	ARP	172.16.1.1 is at 00:15:f2:dc:96:a4
11	3.991678	AsustekC_dc:96:a4	Wistron_93:22:c6	ARP	172.16.1.2 is at 00:d0:f8:21:a5:43
12	3.991828	AsustekC_dc:96:a4	Wistron_93:22:c6	ARP	172.16.1.1 is at 00:15:f2:dc:96:a4
13	4.991615	AsustekC_dc:96:a4	Wistron_93:22:c6	ARP	172.16.1.2 is at 00:d0:f8:21:a5:43
14	4.991764	AsustekC_dc:96:a4	Wistron_93:22:c6	ARP	172.16.1.1 is at 00:15:f2:dc:96:a4
15	5.991641	AsustekC_dc:96:a4	Wistron_93:22:c6	ARP	172.16.1.2 is at 00:d0:f8:21:a5:43
16	5.991788	AsustekC_dc:96:a4	Wistron_93:22:c6	ARP	172.16.1.1 is at 00:15:f2:dc:96:a4
17	6.991556	AsustekC_dc:96:a4	Wistron_93:22:c6	ARP	172.16.1.2 is at 00:d0:f8:21:a5:43
18	6.991722	AsustekC_dc:96:a4	Wistron_93:22:c6	ARP	172.16.1.1 is at 00:15:f2:dc:96:a4
19	7.991519	AsustekC_dc:96:a4	Wistron_93:22:c6	ARP	172.16.1.2 is at 00:d0:f8:21:a5:43

```
⊞ Frame 4 (64 bytes on wire, 64 bytes captured)
⊞ Ethernet II, Src: AsustekC_dc:96:a4 (00:15:f2:dc:96:a4), Dst: Wistron_93:22:c6 (00:16:d3:93:22:c6)
⊟ Address Resolution Protocol (reply)
    Hardware type: Ethernet (0x0001)
    Protocol type: IP (0x0800)
    Hardware size: 6
    Protocol size: 4
    Opcode: reply (0x0002)
    Sender MAC address: AsustekC_dc:96:a4 (00:15:f2:dc:96:a4)
    Sender IP address: 172.16.1.1 (172.16.1.1)
    Target MAC address: Wistron_93:22:c6 (00:16:d3:93:22:c6)
    Target IP address: 0.0.172.16 (0.0.172.16)
```

图 18-9

步骤 11　验证测试。

使用 PC1 ping 网关的地址，发现无法 ping 同。查看 PC1 的 ARP 缓存，可以看到 PC1 收到了伪造的 ARP 应答报文后，更新了 ARP 表，表中的条目为错误的绑定，即网关的 IP 地址与攻击机的 MAC 地址进行了绑定，如图 18-10 所示。

```
C:\>ping 172.16.1.1

Pinging 172.16.1.1 with 32 bytes of data:

Request timed out.
Request timed out.
Request timed out.
Request timed out.

Ping statistics for 172.16.1.1:
    Packets: Sent = 4, Received = 0, Lost = 4 (100% loss),

C:\>arp -a

Interface: 172.16.1.3 --- 0x2
  Internet Address      Physical Address      Type
  172.16.1.1            00-15-f2-dc-96-a4     dynamic
  172.16.1.2            00-d0-f8-21-a5-43     dynamic
```

图 18-10

步骤 12　配置 DAI。

在 SW2 上对于 VLAN 2 配置 DAI，防止 VLAN 2 中的主机进行 ARP 欺骗。

```
SW2#configure
SW2(config)#ip arp inspection
SW2(config)#ip arp inspection vlan 2
! 在 VLAN2 上启用 DAI
SW2(config)#interface f0/24
SW2(config-if)#ip arp inspection trust
```

```
! 配置 F0/24 端口为监控信任端口
SW2(config-if)#end
SW2#
```

步骤 12　验证测试。

启用 ARP 检查功能后，当交换机端口收到非法 ARP 报文，会将其丢弃。这时在 PC 机上查看 ARP 缓存，发现 ARP 表中的条目是正确的，并且 PC1 可以 ping 通网关。（注意：由于 PC 机之前缓存了错误的 ARP 条目，所以需要等到错误条目超时或者使用 arp–d 命令进行手动删除之后，PC1 才能解析出正确的网关 MAC 地址），如图 18-11 所示。

```
C:\>arp -d

C:\>ping 172.16.1.1

Pinging 172.16.1.1 with 32 bytes of data:

Reply from 172.16.1.1: bytes=32 time=3ms TTL=64
Reply from 172.16.1.1: bytes=32 time<1ms TTL=64
Reply from 172.16.1.1: bytes=32 time<1ms TTL=64
Reply from 172.16.1.1: bytes=32 time<1ms TTL=64

Ping statistics for 172.16.1.1:
    Packets: Sent = 4, Received = 4, Lost = 0 (0% loss),
Approximate round trip times in milli-seconds:
    Minimum = 0ms, Maximum = 3ms, Average = 0ms

C:\>arp -a

Interface: 172.16.1.3 --- 0x2
  Internet Address      Physical Address      Type
  172.16.1.1            00-d0-f8-21-a5-43     dynamic
```

图 18-11

【注意事项】

- DHCP 监听只能配置在物理端口上，不能配置在 VLAN 接口上。
- DAI 只能配置在物理端口上，不能配置在 VLAN 接口上。
- 如果端口所属的 VLAN 启用了 DAI，并且为 Untrust 端口，当端口收到 ARP 报文后，若查找不到 DHCP 监听表项，则丢弃 ARP 报文，造成网络中断。
- WinArpSpoofer 软件仅可用于实验。

【参考配置】

```
SW1#show running-config

Building configuration...
Current configuration : 1427 bytes

!
hostname SW1
!
!
!
vlan 1
!
```

```
vlan 2
!
vlan 100
!
!
service dhcp
ip helper-address 10.1.1.1
ip dhcp snooping
!
!
!
!
interface FastEthernet 0/1
 switchport access vlan 100
 ip dhcp snooping trust
!
interface FastEthernet 0/2
!
interface FastEthernet 0/3
!
interface FastEthernet 0/4
!
interface FastEthernet 0/5
!
interface FastEthernet 0/6
!
interface FastEthernet 0/7
!
interface FastEthernet 0/8
!
interface FastEthernet 0/9
!
interface FastEthernet 0/10
!
interface FastEthernet 0/11
!
interface FastEthernet 0/12
!
interface FastEthernet 0/13
!
interface FastEthernet 0/14
!
```

```
interface FastEthernet 0/15
!
interface FastEthernet 0/16
!
interface FastEthernet 0/17
!
interface FastEthernet 0/18
!
interface FastEthernet 0/19
!
interface FastEthernet 0/20
!
interface FastEthernet 0/21
!
interface FastEthernet 0/22
!
interface FastEthernet 0/23
!
interface FastEthernet 0/24
 switchport mode trunk
```

ip dhcp snooping trust

```
!
interface GigabitEthernet 0/25
!
interface GigabitEthernet 0/26
!
interface GigabitEthernet 0/27
!
interface GigabitEthernet 0/28
!
interface VLAN 2
 ip address 172.16.1.1 255.255.255.0
!
interface VLAN 100
 ip address 10.1.1.2 255.255.255.0
!
!
!
!
!
line con 0
```

```
line vty 0 4
 login
!
!
end
```

SW2#show running-config

```
Building configuration...
Current configuration : 1325 bytes

!
hostname SW2
!
!
!
vlan 1
!
vlan 2
!
!
```

ip dhcp snooping

```
!
!
!
!
!
!
!
!
```

ip arp inspection vlan 2
ip arp inspection

```
!
!
!
!
!
interface FastEthernet 0/1
 switchport access vlan 2
!
interface FastEthernet 0/2
 switchport access vlan 2
!
```

```
interface FastEthernet 0/3
!
interface FastEthernet 0/4
!
interface FastEthernet 0/5
!
interface FastEthernet 0/6
!
interface FastEthernet 0/7
!
interface FastEthernet 0/8
!
interface FastEthernet 0/9
!
interface FastEthernet 0/10
!
interface FastEthernet 0/11
!
interface FastEthernet 0/12
!
interface FastEthernet 0/13
!
interface FastEthernet 0/14
!
interface FastEthernet 0/15
!
interface FastEthernet 0/16
!
interface FastEthernet 0/17
!
interface FastEthernet 0/18
!
interface FastEthernet 0/19
!
interface FastEthernet 0/20
!
interface FastEthernet 0/21
!
interface FastEthernet 0/22
!
interface FastEthernet 0/23
!
```

```
interface FastEthernet 0/24
 switchport mode trunk

 ip arp inspection trust
 ip dhcp snooping trust
!
interface GigabitEthernet 0/25
!
interface GigabitEthernet 0/26
!
interface GigabitEthernet 0/27
!
interface GigabitEthernet 0/28
!
!
!
!
!
line con 0
line vty 0 4
 login
!
!
end
```

实验 19　配置标准 IP ACL

【实验名称】

配置标准 IP ACL。

【实验目的】

使用标准 IP ACL 实现简单的访问控制。

【背景描述】

某公司网络中，行政部、销售部门和财务部门分别属于不同的 3 个子网，3 个子网之间使用路由器进行互联。行政部所在的子网为 172.16.1.0/24，销售部所在的子网为 172.16.2.0/24，财务部所在的子网为 172.16.4.0/24。考虑到信息安全的问题，要求销售部门不能对财务部门进行访问，但行政部可以对财务部门进行访问。

【需求分析】

标准 IP ACL 可以根据配置的规则对网络中的数据进行过滤。

【实验拓扑】

实验的拓扑图，如图 19-1 所示。

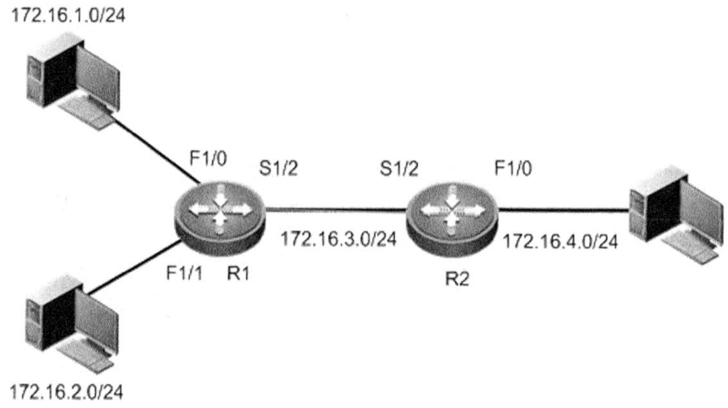

图 19-1

【实验设备】

路由器（软件版本为 RGNOS 10.1.00 及以上版本）2 台。

PC 机 3 台。

【预备知识】

路由器基本配置、标准 IP ACL 原理及配置。

【实验原理】

标准 IP ACL 可以对数据包的源 IP 地址进行检查。当应用了 ACL 的接口接收或发送数据包时，将根据接口配置的ACL规则对数据进行检查，并采取相应的措施，允许通过或拒绝通过，从而达到访问控制的目的，提高网络安全性。

【实验步骤】

步骤1　R1基本配置。

```
R1#configure terminal
R1(config)#interface fastEthernet 1/0
R1(config-if)#ip address 172.16.1.1 255.255.255.0
R1(config-if)#exit
R1(config)#interface fastEthernet 1/1
R1(config-if)#ip address 172.16.2.1 255.255.255.0
R1(config-if)#exit
R1(config)#interface serial 1/2
R1(config-if)#ip address 172.16.3.1 255.255.255.0
R1(config-if)#exit
```

步骤2　R2基本配置。

```
R2#configure terminal
R2(config)#interface serial 1/2
R2(config-if)#ip address 172.16.3.2 255.255.255.0
R2(config-if)#exit
R2(config)#interface fastEthernet 1/0
R2(config-if)#ip address 172.16.4.1 255.255.255.0
R2(config-if)#exit
```

步骤3　查看R1、R2接口状态。

```
R1#show ip interface brief
Interface                 IP-Address(Pri)     OK?     Status
serial 1/2                172.16.3.1/24       YES     UP
serial 1/3                no address          YES     DOWN
FastEthernet 1/0          172.16.1.1/24       YES     UP
FastEthernet 1/1          172.16.2.1/24       YES     UP
Null 0                    no address          YES     UP

R2#show ip interface brief
Interface                 IP-Address(Pri)     OK?     Status
serial 1/2                172.16.3.2/24       YES     UP
serial 1/3                no address          YES     DOWN
FastEthernet 1/0          172.16.4.1/24       YES     UP
FastEthernet 1/1          no address          YES     DOWN
Null 0                    no address          YES     UP
```

步骤4　在R1、R2上配置静态路由。

```
R1(config)#ip route 172.16.4.0 255.255.255.0 serial 1/2

R2(config)#ip route 172.16.1.0 255.255.255.0 serial 1/2
```

```
R2(config)#ip route 172.16.2.0 255.255.255.0 serial 1/2
```

步骤 5　配置标准 IP ACL。

对于标准 IP ACL，由于只能对报文的源 IP 地址进行检查，所以为了不影响源端的其他通信，通常将其放置到距离目标近的位置，在本实验中是 R2 的 F1/0 接口。

```
R2(config)#access-list 1 deny 172.16.2.0 0.0.0.255
！拒绝来自销售部 172.16.2.0/24 子网的流量通过
R2(config)#access-list 1 permit 172.16.1.0 0.0.0.255
！允许来自行政部 172.16.1.0/24 子网的流量通过
```

步骤 6　应用 ACL。

```
R2(config)#interface fastEthernet 1/0
R2(config-if)#ip access-group 1 out
```

步骤 7　验证测试。

在行政部主机(172.16.1.0/24)ping 财务部主机，可以 ping 通。在销售部主机(172.16.2.0/24) ping 财务部主机，不能 ping 通。

【注意事项】

在部署标准 ACL 时，需要将其放置到距离目标近的位置，否则可能会阻断正常的通信。

【参考配置】

```
R1#show running-config

Building configuration...
Current configuration : 626 bytes

!
hostname R1
!
!
!
interface serial 1/2
 ip address 172.16.3.1 255.255.255.0
 clock rate 64000
!
interface serial 1/3
 clock rate 64000
!
!
!
interface FastEthernet 1/0
ip address 172.16.1.1 255.255.255.0
 duplex auto
 speed auto
!
```

```
interface FastEthernet 1/1
 ip address 172.16.2.1 255.255.255.0
 duplex auto
 speed auto
!
!
!
!
ip route 172.16.4.0 255.255.255.0 serial 1/2
!
!
!
!
line con 0
line aux 0
line vty 0 4
 login
!
!
!
!
!
End
```

R2#show running-config

```
Building configuration...
Current configuration : 671 bytes

!
hostname R2
!
!
!
!
!
!
!
!
!
!
```

ip access-list standard 1

10 deny 172.16.2.0 0.0.0.255

20 permit 172.16.1.0 0.0.0.255

```
!
```

```
!
!
!
!
interface serial 1/2
 ip address 172.16.3.2 255.255.255.0
!
interface serial 1/3
 clock rate 64000
!
!
!
!
!
interface FastEthernet 1/0
 ip access-group 1 out
 ip address 172.16.4.1 255.255.255.0
 duplex auto
 speed auto
!
interface FastEthernet 1/1
 ip address 172.16.2.1 255.255.255.0
 duplex auto
 speed auto
!
!
!
!
!
!
ip route 172.16.1.0 255.255.255.0 serial 1/2
ip route 172.16.2.0 255.255.255.0 serial 1/2
!
!
!
line con 0
line aux 0
line vty 0 4
 login
!
!
!
!
end
```

实验 20　配置扩展 IP ACL

【实验名称】

配置扩展 IP ACL。

【实验目的】

使用扩展 IP ACL 实现高级的访问控制。

【背景描述】

某校园网中，宿舍网、教工网和服务器区域分别属于不同的 3 个子网，3 个子网之间使用路由器进行互联。宿舍网所在的子网为 172.16.1.0/24，教工网所在的子网为 172.16.2.0/24，服务器区域所在的子网为 172.16.4.0/24。现在要求学生网的主机只能访问服务器区域的 FTP 服务器，而不能访问 WWW Server。教工网的主机可以同时访问 FTP Server 和 WWW Server。此外，除了宿舍网和教工网到达服务器区域的 FTP 和 WWW 流量以外，不允许任何其他的数据流到达服务器区域。

【需求分析】

扩展 IP ACL 可以根据配置的规则对网络中的数据进行过滤。

【实验拓扑】

实验的拓扑图，如图 20-1 所示。

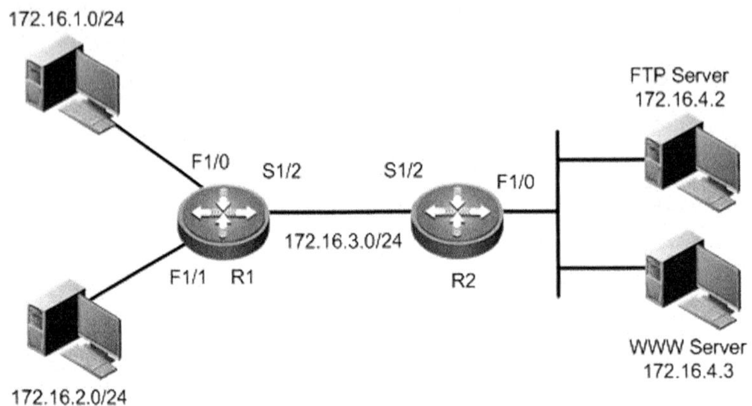

图 20-1

【实验设备】

路由器（软件版本为 RGNOS 10.1.00 及以上版本）2 台。

PC 机 4 台（其中两台需要分别安装 FTP 服务和 WWW 服务）。

【预备知识】

路由器基本配置、扩展 IP ACL 原理及配置。

【实验原理】

扩展 IP ACL 可以对数据包的源 IP 地址、目的 IP 地址、协议、源端口、目的端口进行检查。由于扩展 IP ACL 能够提供更多对数据包的检查项，所以扩展 IP ACL 常用于高级的、复杂的访问控制。当应用 ACL 的接口接收或发送报文时，将根据接口配置的 ACL 规则对数据进行检查，并采取相应的措施，允许通过或拒绝通过，从而达到访问控制的目的，提高网络安全性。

【实验步骤】

步骤 1　R1 基本配置。

```
R1#configure terminal
R1 (config)#interface fastEthernet 1/0
R1 (config-if)#ip address 172.16.1.1 255.255.255.0
R1 (config-if)#exit
R1 (config)#interface fastEthernet 1/1
R1 (config-if)#ip address 172.16.2.1 255.255.255.0
R1 (config-if)#exit
R1 (config)#interface serial 1/2
R1 (config-if)#ip address 172.16.3.1 255.255.255.0
R1 (config-if)#exit
```

步骤 2　R2 基本配置。

```
R2#configure terminal
R2 (config)#interface serial 1/2
R2 (config-if)#ip address 172.16.3.2 255.255.255.0
R2 (config-if)#exit
R2 (config)#interface fastEthernet 1/0
R2 (config-if)#ip address 172.16.4.1 255.255.255.0
R2 (config-if)#exit
```

步骤 3　查看 R1、R2 接口状态。

```
R1#show ip interface brief
Interface                    IP-Address(Pri)     OK?     Status
serial 1/2                   172.16.3.1/24       YES     UP
serial 1/3                   no address          YES     DOWN
FastEthernet 1/0             172.16.1.1/24       YES     UP
FastEthernet 1/1             172.16.2.1/24       YES     UP
Null 0                       no address          YES     UP

R2#show ip interface brief
Interface                    IP-Address(Pri)     OK?     Status
serial 1/2                   172.16.3.2/24       YES     UP
serial 1/3                   no address          YES     DOWN
FastEthernet 1/0             172.16.4.1/24       YES     UP
FastEthernet 1/1             no address          YES     DOWN
Null 0                       no address          YES     UP
```

步骤 4　在 R1、R2 上配置静态路由。

```
R1 (config)#ip route 172.16.4.0 255.255.255.0 serial 1/2

R2 (config)#ip route 172.16.1.0 255.255.255.0 serial 1/2
R2 (config)#ip route 172.16.2.0 255.255.255.0 serial 1/2
```

步骤 5　配置扩展 IP ACL。

对于扩展 IP ACL，由于可以对数据包中的多个元素进行检查，所以可以将其放置到距离源端近的位置，在本实验中是 R1 的 S1/2 接口。

```
R1 (config)#access-list 100 permit tcp 172.16.1.0 0.0.0.255 host 172.16.4.2 eq ftp
R1 (config)#access-list 100 permit tcp 172.16.1.0 0.0.0.255 host 172.16.4.2 eq ftp-data
! 允许来自宿舍网 172.16.1.0/24 子网的到达 FTP Server (172.16.4.2) 的流量
R1 (config)#access-list 100 permit tcp 172.16.2.0 0.0.0.255 host 172.16.4.2 eq ftp
R1 (config)#access-list 100 permit tcp 172.16.2.0 0.0.0.255 host 172.16.4.2 eq ftp-data
! 允许来自教工网 172.16.2.0/24 子网的到达 FTP Server (172.16.4.2) 的流量
R1 (config)#access-list 100 permit tcp 172.16.2.0 0.0.0.255 host 172.16.4.3 eq www
! 允许来自教工网 172.16.2.0/24 子网的到达 WWW Server (172.16.4.3) 的流量
```

步骤 6　应用 ACL。

```
R1 (config)#interface serial 1/2
R1 (config-if)#ip access-group 100 out
```

步骤 7　在主机上安装 FTP Server 和 WWW Server。

步骤 8　验证测试。

在宿舍网主机上可以访问 FTP Server，但是不能访问 WWW Server。在教工网主机（172.16.2.0/24）上 FTP Server 和 WWW Server 都可以访问到。

【注意事项】

在部署标准 ACL 时，需要将其放置到距离源端近的位置，可以防止不要的流量在网络中传输。

【参考配置】

```
R1#show running-config

Building configuration...
Current configuration : 667 bytes

!
hostname R1
!
!
!
!
!
!
!
!
```

```
ip access-list extended 100
 10 permit tcp 172.16.1.0 0.0.0.255 host 172.16.4.2 eq ftp
 20 permit tcp 172.16.1.0 0.0.0.255 host 172.16.4.2 eq ftp-data
 30 permit tcp 172.16.2.0 0.0.0.255 host 172.16.4.2 eq ftp
 40 permit tcp 172.16.2.0 0.0.0.255 host 172.16.4.2 eq ftp-data
 50 permit tcp 172.16.2.0 0.0.0.255 host 172.16.4.3 eq www
!
!
!
!
!
interface serial 1/2
 ip access-group 100 out
 ip address 172.16.3.1 255.255.255.0
 clock rate 64000
!
interface serial 1/3
 clock rate 64000
!
!
!
interface FastEthernet 1/0
ip address 172.16.1.1 255.255.255.0
 duplex auto
 speed auto
!
interface FastEthernet 1/1
 ip address 172.16.2.1 255.255.255.0
 duplex auto
 speed auto
!
!
!
!
ip route 172.16.4.0 255.255.255.0 serial 1/2
!
!
!
!
line con 0
line aux 0
line vty 0 4
```

```
 login
!
!
!
!
!
End
```

R2#show running-config

```
Building configuration...
Current configuration : 611 bytes

!
hostname R2
!
!
!
!
!
!
!
!
!
!
!
!
!
!
interface serial 1/2
 ip address 172.16.3.2 255.255.255.0
!
interface serial 1/3
 clock rate 64000
!
!
!
!
!
interface FastEthernet 1/0
ip address 172.16.4.1 255.255.255.0
 duplex auto
 speed auto
```

```
!
!
!
!
!
!
ip route 172.16.1.0 255.255.255.0 serial 1/2
ip route 172.16.2.0 255.255.255.0 serial 1/2
!
!
!
line con 0
line aux 0
line vty 0 4
 login
!
!
!
!
end
```

实验 21　配置基于 MAC 的 ACL

【实验名称】

配置基于 MAC 的 ACL。

【实验目的】

使用基于 MAC 的 ACL，实现高级的访问控制。

【背景描述】

某公司一个简单的局域网中，通过使用 1 台交换机提供主机及服务器的接入，并且所有主机和服务器均属于同一个 VLAN（VLAN 2）中。网络中有 3 台主机和 1 台财务服务器（Accounting Server）。现在需要实现访问控制，只允许财务部主机（172.16.1.1）访问财务服务器。

【需求分析】

基于 MAC 的 ACL 可以根据配置的规则对网络中的数据进行过滤。

【实验拓扑】

实验的拓扑图，如图 21-1 所示。

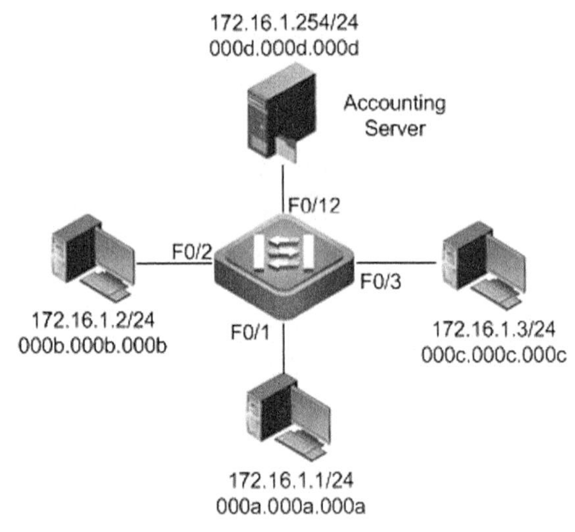

图 21-1

【实验设备】

交换机（软件版本为 RGNOS 10.1.00 及以上版本）1 台。

PC 机 4 台。

【预备知识】

交换机基本配置、基于 MAC 的 ACL 原理及配置。

【实验原理】

基于 MAC 的 ACL 可以对数据包的源 MAC 地址、目的 MAC 地址和以太网类型进行检查，可以说基于 MAC 的 ACL 是二层的 ACL，而标准 IP ACL 和扩展 IP ACL 是三层和四层的 ACL。由于标准 IP ACL 和扩展 IP ACL 是对数据包的 IP 地址信息进行检查，并且 IP 地址是逻辑地址，用户可以对其进行修改，所以很容易逃避 ACL 的检查。但基于 MAC 的 ACL 是对数据包的物理地址（MAC）进行检查，所有用户很难通过修改 MAC 地址逃避 ACL 的过滤。

当应用了 MAC ACL 的接口接收或发送报文时，将根据接口配置的 ACL 规则对数据进行检查，并采取相应的措施，允许通过或拒绝通过，从而达到访问控制的目的，提高网络安全性。

【实验步骤】

步骤 1　交换机基本配置。

```
Switch#configure terminal
Switch(config)#vlan 2
Switch(config-vlan)#exit
Switch(config)#interface range fastEthernet 0/1-3
Switch(config-if-range)#switchport access vlan 2
Switch(config-if-range)#exit
Switch(config)#interface fastEthernet 0/12
Switch(config-if)#switchport access vlan 2
Switch(config-if)#exit
```

步骤 2　配置 MAC ACL。

由于本例中使用的交换机不支持出方向（out）的 MAC ACL，所以需要将 MAC ACL 配置在接入主机的端口的入方向（in）。由于只允许财务部主机访问财务服务器，所以需要在接入其他主机的接口的入方向禁止其访问财务服务器。

```
Switch(config)#mac access-list extended deny_to_accsrv
Switch(config-mac-nacl)#deny any host 000d.000d.000d
! 拒绝到达财务服务器的所有流量
Switch(config-mac-nacl)#permit any any
! 允许其他 所有流量
Switch(config-mac-nacl)#exit
```

步骤 3　应用 ACL。

将 MAC ACL 应用到 F0/2 接口和 F0/3 接口的入方向，以限制非财务部主机访问财务服务器。

```
Switch(config)#interface fastEthernet 0/2
Switch(config-if)#mac access-group deny_to_accsrv in
Switch(config-if)#exit
Switch(config)#interface fastEthernet 0/3
Switch(config-if)#mac access-group deny_to_accsrv in
Switch(config-if)#end
```

步骤 4　验证测试。

在财务部主机上 ping 财务服务器，可以 ping 通，但是在其他两台非财务部主机上 ping 财务服务器，无法 ping 通，说明其他两台主机到达财务服务器的流量被 MAC ACL 拒绝。

【注意事项】

在一些交换机中，只支持入方向（in）的 MAC ACL，所以在配置和应用 MAC ACL 时需要考虑 ACL 规则的配置方式，以及应用 MAC ACL 的接口。

【参考配置】

```
Switch#show running-config

Building configuration...
Current configuration : 1481 bytes

!
hostname Switch
!
!
!
vlan 1
!
vlan 2
!
!
!
!
!
mac access-list extended deny_to_accsrv
 10 deny any host 000d.000d.000d etype-any
 20 permit any any etype-any
!
!
!
!
!
interface FastEthernet 0/1
 switchport access vlan 2
!
interface FastEthernet 0/2
 switchport access vlan 2
 mac access-group deny_to_accsrv in
!
interface FastEthernet 0/3
 switchport access vlan 2
mac access-group deny_to_accsrv in
!
interface FastEthernet 0/4
```

```
!
interface FastEthernet 0/5
!
interface FastEthernet 0/6
!
interface FastEthernet 0/7
!
interface FastEthernet 0/8
!
interface FastEthernet 0/9
!
interface FastEthernet 0/10
!
interface FastEthernet 0/11
!
interface FastEthernet 0/12
 switchport access vlan 2
!
interface FastEthernet 0/13
!
interface FastEthernet 0/14
!
interface FastEthernet 0/15
!
interface FastEthernet 0/16
!
interface FastEthernet 0/17
!
interface FastEthernet 0/18
!
interface FastEthernet 0/19
!
interface FastEthernet 0/20
!
interface FastEthernet 0/21
!
interface FastEthernet 0/22
!
interface FastEthernet 0/23
!
interface FastEthernet 0/24
!
```

```
interface GigabitEthernet 0/25
!
interface GigabitEthernet 0/26
!
interface GigabitEthernet 0/27
!
interface GigabitEthernet 0/28
!
!
!
!
!
line con 0
line vty 0 4
 login
!
!
end
```

实验 22　配置专家 ACL

【实验名称】

配置专家 ACL。

【实验目的】

使用专家 ACL 实现高级的访问控制。

【背景描述】

某公司的一个简单局域网中，通过使用 1 台交换机提供主机及服务器的接入，并且所有主机和服务器均属于同一个 VLAN（VLAN 2）中。网络中有 3 台主机和一台财务服务器（Accounting Server）。现在需要实现访问控制，只允许财务部主机（172.16.1.1）访问财务服务器上的财务服务（TCP 5555），而其他服务不允许访问。

【需求分析】

专家 ACL 可以根据配置的规则对网络中的数据进行过滤。

【实验拓扑】

实验的拓扑图，如图 22-1 所示。

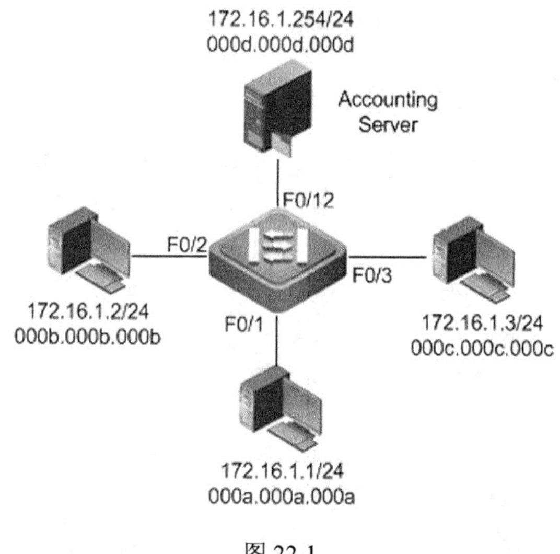

图 22-1

【实验设备】

交换机（软件版本为 RGNOS 10.1.00 及以上版本）1 台。

PC 机 4 台。

【预备知识】

交换机基本配置、专家 ACL 原理及配置。

【实验原理】

专家 ACL 是考虑到实际网络的复杂需求，将 ACL 的检测元素扩展到源 MAC 地址、目的 MAC 地址、源 IP 地址、目的 IP 地址、源端口、目的端口和协议，从而实现对数据的更精确的过滤，满足网络的复杂需求。

当应用了专家 ACL 的接口接收或发送报文时，将根据接口配置的 ACL 规则对数据进行检查，并采取相应的措施（允许通过或拒绝通过），从而达到访问控制的目的，提高网络安全性。

【实验步骤】

步骤 1　交换机基本配置。

```
Switch#configure terminal
Switch(config)#vlan 2
Switch(config-vlan)#exit
Switch(config)#interface range fastEthernet 0/1-3
Switch(config-if-range)#switchport access vlan 2
Switch(config-if-range)#exit
Switch(config)#interface fastEthernet 0/12
Switch(config-if)#switchport access vlan 2
Switch(config-if)#exit
```

步骤 2　配置专家 ACL。

由于本例中使用的交换机不支持出方向（out）的专家 ACL，所以需要将专家 ACL 配置在接入主机端口的入方向（in）。由于只允许财务部主机访问财务服务器的特定服务，所以需要在接入其他主机接口的入方向禁止其访问财务服务器，并在接入财务部主机接口的入方向只允许其访问财务服务器上的特定服务。

配置针对非财务部主机的专家 ACL。

```
Switch(config)#expert access-list extended deny_to_accsrv
Switch(config-exp-nacl)#deny any any host 172.16.1.254 host 000d.000d.000d
！拒绝到达财务服务器的所有流量
Switch(config-exp-nacl)#permit any any any any
！允许其他所有流量
Switch(config-exp-nacl)#exit
```

配置针对财务部主机的专家 ACL。

```
Switch(config)#expert access-list extended allow_to_accsrv5555
Switch(config-exp-nacl)#permit tcp host 172.16.1.1 host 000a.000a.000a host
172.16.1.254 any eq 5555
！允许财务部主机访问财务服务器上的特定服务
Switch(config-exp-nacl)#permit icmp host 172.16.1.1 host 000a.000a.000a host
172.16.1.254 host 000d.000d.000d
！允许财务部主机到达财务服务器的 ICMP 报文，以便后续进行测试
Switch(config-exp-nacl)#deny any any host 172.16.1.254 any
！拒绝到达财务服务器的所有流量
Switch(config-exp-nacl)#permit any any any any
！允许其他所有流量
```

```
Switch(config-exp-nacl)#exit
```

步骤 3　应用 ACL。

将专家 ACL“deny_to_accsrv”应用到 F0/2 接口和 F0/3 接口的入方向，以限制非财务部主机访问财务服务器。

```
Switch(config)#interface fastEthernet 0/2
Switch(config-if)#expert access-group deny_to_accsrv in
Switch(config-if)#exit
Switch(config)#interface fastEthernet 0/3
Switch(config-if)#expert access-group deny_to_accsrv in
Switch(config-if)#exit
```

将专家 ACL“allow_to_accsrv5555”应用到 F0/1 接口的入方向，以限制财务部主机访问财务服务器的其他服务。

```
Switch(config)#interface fastEthernet 0/1
Switch(config-if)#expert access-group allow_to_accsrv5555 in
Switch(config-if)#end
```

步骤 4　验证测试。

在财务部主机上 ping 财务服务器，可以 ping 通，并且可以访问服务器上的财务服务（TCP 5555），但是不能访问服务器上的其他 服务。在其他 两台非财务部主机上 ping 财务服务器，无法 ping 通，说明其他两台主机到达财务服务器的流量被专家 ACL 拒绝。

【注意事项】

在一些交换机中，只支持入方向（in）的专家 ACL，所以在配置和应用专家 ACL 时需要考虑 ACL 规则的配置方式，以及应用专家 ACL 的接口。

【参考配置】

```
Switch#show running-config

Building configuration...
Current configuration : 1872 bytes

!
hostname Switch
!
!
!
vlan 1
!
vlan 2
!
!
!
!
!
!
```

```
expert access-list extended allow_to_accsrv5555
 10 permit tcp host 172.16.1.1 host 000a.000a.000a host 172.16.1.254 any eq 5555
 20 permit icmp host 172.16.1.1 host 000a.000a.000a host 172.16.1.254 host
 000d.000d.000d
 30 deny ip host 172.16.1.1 host 000a.000a.000a host 172.16.1.254 any
 40 permit ip any any any any
!
!
expert access-list extended deny_to_accsrv
 10 deny ip any any host 172.16.1.254 any
 20 permit ip any any any any
!
!
!
!
!
interface FastEthernet 0/1
 switchport access vlan 2
expert access-group allow_to_accsrv5555 in
!
interface FastEthernet 0/2
 switchport access vlan 2
 expert access-group deny_to_accsrv in
!
interface FastEthernet 0/3
 switchport access vlan 2
 expert access-group deny_to_accsrv in
!
interface FastEthernet 0/4
!
interface FastEthernet 0/5
!
interface FastEthernet 0/6
!
interface FastEthernet 0/7
!
interface FastEthernet 0/8
!
interface FastEthernet 0/9
!
interface FastEthernet 0/10
!
interface FastEthernet 0/11
!
```

```
interface FastEthernet 0/12
 switchport access vlan 2
!
interface FastEthernet 0/13
!
interface FastEthernet 0/14
!
interface FastEthernet 0/15
!
interface FastEthernet 0/16
!
interface FastEthernet 0/17
!
interface FastEthernet 0/18
!
interface FastEthernet 0/19
!
interface FastEthernet 0/20
!
interface FastEthernet 0/21
!
interface FastEthernet 0/22
!
interface FastEthernet 0/23
!
interface FastEthernet 0/24
!
interface GigabitEthernet 0/25
!
interface GigabitEthernet 0/26
!
interface GigabitEthernet 0/27
!
interface GigabitEthernet 0/28
!
!
!
!
!
line con 0
line vty 0 4
 login
!
!
end
```

实验 23　配置基于时间的 ACL

【实验名称】

配置基于时间的 ACL。

【实验目的】

使用基于时间的 ACL，实现基于时间段的高级访问控制。

【背景描述】

某公司的网络中使用一台路由器提供子网间的互联。子网 172.16.1.0/24 为公司员工主机所在的网段，其中公司经理的主机地址为 172.16.1.254/24；子网 10.1.1.0/24 为公司服务器网段，其中有两台服务器，1 台 WWW 服务器（10.1.1.100/24）和 1 台 FTP 服务器（10.1.1.200/24）。现在要实现基于时间段的访问控制，使公司员工只有在正常上班时间（周一至周五 9:00~18:00）可以访问 FTP 服务器，并且只有在下班时间才能访问 WWW 服务器；而经理的主机可以在任何时间访问这两台服务器。

【需求分析】

基于时间的 ACL 可以根据配置的规则，在不同的时间段对网络中的数据进行过滤。

【实验拓扑】

实验的拓扑图，如图 23-1 所示。

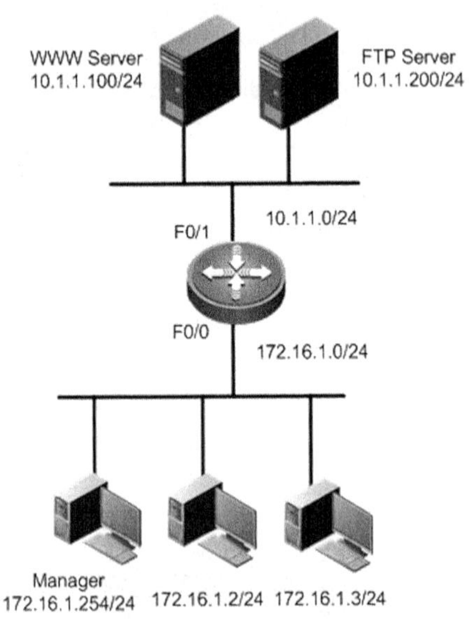

图 23-1

【实验设备】

路由器（软件版本为 RGNOS 10.1.00 及以上版本）1 台。

PC 机 4 台（其中两台作为 WWW Server 和 FTP Server）。

【预备知识】

路由器基本配置、基于时间的 ACL 原理及配置。

【实验原理】

基于时间的 ACL 是在各种 ACL 规则（标准 ACL、扩展 ACL 等）后面应用时间段选项（time-range）以实现基于时间段的访问控制。当 ACL 规则应用了时间段后，只有在此时间范围内规则才会生效。此外，只有配置了时间段的规则才会在指定的时间段内生效，其他未引用时间段的规则将不受影响。

【实验步骤】

步骤 1　路由器基本配置。

```
Router#configure terminal
Router(config)#interface fastEthernet 0/0
Router(config-if)#ip address 172.16.1.1 255.255.255.0
Router(config-if)#exit
Router(config)#interface fastEthernet 0/1
Router(config-if)#ip address 10.1.1.1 255.255.255.0
Router(config-if)#exit
```

步骤 2　配置时间段。

定义正常上班的时间段。

```
Router(config)#time-range work-time
Router(config-time-range)#periodic weekdays 09:00 to 18:00
Router(config-time-range)#exit
```

步骤 3　配置 ACL。

配置 ACL，并应用时间段，以实现需求中基于时间段的访问控制。

```
Router(config)#ip access-list extended accessctrl
Router(config-ext-nacl)#permit ip host 172.16.1.254 10.1.1.0 0.0.0.255
！允许经理的主机在任何时间访问两台服务器
Router(config-ext-nacl)#permit tcp 172.16.1.0 0.0.0.255 host 10.1.1.200 eq ftp
time-range work-time
Router(config-ext-nacl)#permit tcp 172.16.1.0 0.0.0.255 host 10.1.1.200 eq
ftp-data time-range work-time
！只允许员工的主机在上班时间访问 FTP 服务器
Router(config-ext-nacl)#deny tcp 172.16.1.0 0.0.0.255 host 10.1.1.100 eq www
time-range work-time
！不允许员工的主机在上班时间访问 WWW 服务器
Router(config-ext-nacl)#permit tcp 172.16.1.0 0.0.0.255 host 10.1.1.100 eq www
！允许员工访问 WWW 服务器，但是仅当系统时间不在定义的时间段范围内时，才会执行此条规则
Router(config-ext-nacl)#exit
```

步骤 4　应用 ACL。

将 ACL 应用到 F0/0 接口的入方向。

```
Router(config)#interface fastEthernet 0/0
```

```
Router(config-if)#ip access-group accessctrl in
Router(config-if)#end
```

步骤 5　验证测试。

在上班时间，普通员工的主机不能访问 WWW 服务器，但是可以访问 FTP 服务器，下班时间可以访问 WWW 服务器，但是不能访问 FTP 服务器。经理的主机（172.16.1.254）在任何时间都可以访问这两台服务器。

【注意事项】

- 在使用基于时间的 ACL 时，要保证设备（路由器或交换机）的系统时间的准确性，因为设备是根据自己的系统时间来判断当前时间是否在时间段范围内。这个可以在特权模式下使用 show clock 命令查看当前系统时间，并使用 clock set 命令调整系统时间。
- 通过调整设备的系统时间来实现在不同时间段测试 ACL 是否生效。

【参考配置】

```
Router#show running-config

Building configuration...
Current configuration : 928 bytes

!
hostname Router
!
!
time-range work-time
 periodic Weekdays 9:00 to 18:00
!
!
!
!
!
!
!
!
!
!
ip access-list extended accessctrl
 10 permit ip host 172.16.1.254 10.1.1.0 0.0.0.255
 20 permit tcp 172.16.1.0 0.0.0.255 host 10.1.1.200 eq ftp time-range work-time
 30 permit tcp 172.16.1.0 0.0.0.255 host 10.1.1.200 eq ftp-data time-range work-time
 40 deny tcp 172.16.1.0 0.0.0.255 host 10.1.1.100 eq www time-range work-time
 50 permit tcp 172.16.1.0 0.0.0.255 host 10.1.1.100 eq www
!
!
```

```
!
!
!
!
!
!
interface FastEthernet 0/0
ip access-group accessctrl in
 duplex auto
 speed auto
!
interface FastEthernet 0/1
duplex auto
 speed auto
!
!
!
!
!
line con 0
line aux 0
line vty 0 4
 login
!
!
!
!
!
end
```

实验 24　配置远程登录的 AAA 认证

【实验名称】

配置远程登录的 AAA 认证。

【实验目的】

使用路由器 AAA 功能提供安全远程登录。

【背景描述】

公司管理员小王将网络构建好之后，为了方便对网络的管理，在网络设备上起用了远程登录功能。但是出于安全性考虑，小王计划对远程登录进行 AAA 认证，以提高安全性。

【需求分析】

要实现远程登录用户的安全访问，可以利用路由器的 AAA 认证功能。同时出于稳定性的考虑，在 AAA 认证方法列表中配置两种认证方法，RADIUS 服务器认证和本地认证，优先选择 RADIUS 服务器认证，当 RADIUS 服务器没有响应时选择本地认证方法。

【实验拓扑】

实验的拓扑图，如图 24-1 所示。

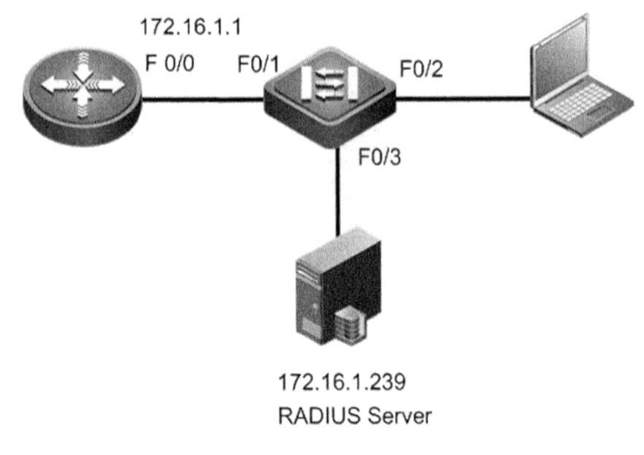

图 24-1

【实验设备】

路由器（软件版本为 RGNOS 10.1.00 及以上版本）1 台。

交换机（软件版本为 RGNOS 10.1.00 及以上版本）1 台。

PC 机 1 台。

RADIUS 服务器 1 台（支持标准 RADIUS 协议的 RADIUS 服务器，本例中使用第三方 RADIUS 服务器软件 WinRadius）

【预备知识】

交换机转发原理。

交换机基本配置。

AAA 认证原理。

【实验原理】

在用户对路由器进行远程登录时，会向 NAS（Network Access Server，网络接入服务器）发起连接请求，由 NAS 设备将用户的连接请求发送给认证服务器，由服务器判断此接入请求应接受还是拒绝，将相应的信息发送给 NAS 设备，NAS 设备根据服务器返回的结果采取相应的措施。当主认证服务器因为某种原因，如线路故障或设备故障导致响应超时时，NAS 设备将认证信息发送给备份服务器，由备份服务器进行接入认证。

【实验步骤】

步骤 1　配置路由器接口地址。

```
Router(config)#interface FastEthernet 0/0
Router(config-if)#ip address 172.16.1.1 255.255.255.0
Router(config-if)#no shutdown
```

步骤 2　配置路由器 AAA 认证方法列表。

```
Router(config)#aaa new-model
Router(config)#username ruijie password test
Router(config)#aaa authentication login test group radius local
！配置方法列表中，第一方法为 group RADIUS，第二方法为 local 认证
Router(config)#radius-server host 172.16.1.239
```

步骤 3　在线路上应用 AAA 认证方法列表。

```
Router(config)#line vty 0 4
Router(config-line)#login authentication test
Router(config-line)#end
```

步骤 4　搭建 RADIUS 服务器。

（1）PC 上安装 WinRadius。

（2）开启 WinRadius 服务。

（3）在 RADIUS 服务器上添加账号 ruijie，密码为 test，如图 24-2 所示。

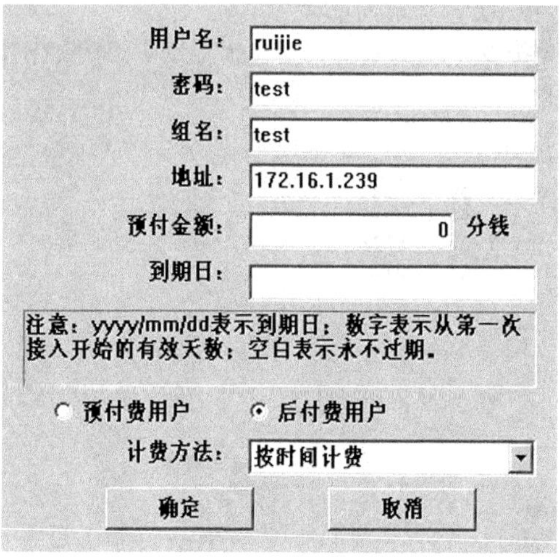

用户名：ruijie
密码：test
组名：test
地址：172.16.1.239
预付金额：0 分钱
到期日：
注意：yyyy/mm/dd表示到期日；数字表示从第一次接入开始的有效天数；空白表示永不过期。
预付费用户　后付费用户
计费方法：按时间计费
确定　取消

图 24-2

步骤 5　AAA 认证测试。

（1）配置完成后，如上图 24-2 所示连接拓扑，从 PC 机上用命令 telnet 172.16.1.1 远程登录到路由器上，同时在路由器上用 debug aaa 命令开启 AAA 认证调试信息，在认证通过时，可以看到如下调试信息。

```
Router# debug aaa
Dec 14 03:09:23 Router %7:[authentication] user req, method list: test
Dec 14 03:09:23 Router %7:[aaa] method to all group
Dec 14 03:09:23 Router %7:[authentication] method type Group
Dec 14 03:09:23 Router %7:[authentication] user 6
Dec 14 03:09:24 Router %7:[aaa] result from method
Dec 14 03:09:24 Router %7:[aaa] result event handler
Dec 14 03:09:24 Router %7:[aaa] result got
Dec 14 03:09:24 Router %7:[aaa] result to user
Dec 14 03:09:24 Router %7:[aaa] wakeup user, result 6
```

从调试信息可以看到，认证通过，认证方法为通过 group RADIUS 服务器认证。

（2）在 Radius 服务器上，在认证过程中进行抓包，结果如图 24-3 所示。

```
▷ Frame 76 (100 bytes on wire, 100 bytes captured)
▷ Ethernet II, Src: 00:d0:f8:6b:38:38, Dst: 00:1b:fc:a6:ae:e2
▷ Internet Protocol, Src Addr: 172.16.1.1 (172.16.1.1), Dst Addr: 172.16.1.239 (172.16.1.239)
▽ User Datagram Protocol, Src Port: 1024 (1024), Dst Port: radius (1812)
    Source port: 1024 (1024)
    Destination port: radius (1812)
    Length: 66
    Checksum: 0x4f3b (correct)
▽ Radius Protocol
    Code: Access Request (1)
    Packet identifier: 0x3 (3)
    Length: 58
    Authenticator: 0x6334F96BDF12D8070687D77401F68677
  ▽ Attribute value pairs
    ▷ t:User Name(1) l:8, Value:"ruijie"
    ▷ t:Service Type(6) l:6, Value:Administrative(6)
      t:User Password(2) l:18, Value:5E7983C79A8E7145239C09992A928949
    ▷ t:NAS IP Address(4) l:6, Value:172.16.1.1
```

图 24-3

从抓包结果可以看到，此报文为 Access Request 报文，为 NAS 设备向 RADIUS 服务器发起的接入请求。

认证结果报文如图 24-4 所示。

```
▷ Frame 77 (68 bytes on wire, 68 bytes captured)
▷ Ethernet II, Src: 00:1b:fc:a6:ae:e2, Dst: 00:d0:f8:6b:38:38
▷ Internet Protocol, Src Addr: 172.16.1.239 (172.16.1.239), Dst Addr: 172.16.1.1 (172.16.1.1)
▽ User Datagram Protocol, Src Port: radius (1812), Dst Port: 1024 (1024)
    Source port: radius (1812)
    Destination port: 1024 (1024)
    Length: 34
    Checksum: 0xe4f9 (correct)
▽ Radius Protocol
    Code: Access Accept (2)
    Packet identifier: 0x3 (3)
    Length: 26
    Authenticator: 0xFF7FAFA521B969A399714139715B79C8
  ▽ Attribute value pairs
      t:Session Timeout(27) l:6, Value:9999999
```

图 24-4

从抓包结果可以看到，RADIUS 返回结果为 Access Accept。

（3）将 RADIUS 服务器从网络上断开，重复上面的测试过程，查看调试信息如下：

```
Dec 14 03:10:14 Router %7:[authentication] user req, method list: test
Dec 14 03:10:14 Router %7:[aaa] method to all group
Dec 14 03:10:14 Router %7:[authentication] method type Group
Dec 14 03:10:14 Router %7:[authentication] user 7
Dec 14 03:10:34 Router %7:[aaa] result from method
Dec 14 03:10:34 Router %7:[aaa] result event handler
Dec 14 03:10:34 Router %7:[aaa] result got
Dec 14 03:10:34 Router %7:[aaa] result to user
Dec 14 03:10:34 Router %7:[aaa] try again
Dec 14 03:10:34 Router %7:[authentication] method type Local
Dec 14 03:10:34 Router %7:[aaa] result from method
Dec 14 03:10:34 Router %7:[aaa] result got
Dec 14 03:10:34 Router %7:[aaa] result to user
Dec 14 03:10:34 Router %7:[aaa] wakeup user, result 6
Dec 14 03:10:34 Router %7:[aaa] result event handler
```

从调试信息可以看到，在认证过程中，由于方法一 RADIUS 服务器认证没有响应，因此超时后，尝试第二钟方法：本地认证，最后认证通过。

【备注事项】

在认证过程中，需要保证交换机与 RADIUS 服务器之间可达。

【参考配置】

```
Router#show running-config

Building configuration...
Current configuration : 530 bytes

!
aaa new-model
!
!
aaa authentication login test group radius local
!
username ruijie password 0 test
!
!
radius-server host 172.16.1.239
!
interface FastEthernet 0/0
 duplex auto
```

```
 speed auto
!
interface FastEthernet 0/1
 duplex auto
 speed auto
!
!
line con 0
line aux 0
line vty 0 4
 login authentication test
!
!
end
```

实验 25　配置 PPP 链路的 AAA 认证

【实验名称】

配置 PPP 链路的 AAA 认证。

【实验目的】

使用路由器 AAA 功能增强 PPP 链路接入的安全性。

【背景描述】

某公司总部和分公司之间通过 PPP 链路连接，为了提高接入网络的安全性，公司要求各分公司通过 PPP 链路接入公司总部时都要进行认证，为了不影响路由器的性能，考虑通过 RADIUS 服务器进行 AAA 认证。

【需求分析】

在 PPP 链路中进行 AAA 认证可以提高网络接入的安全性，只有通过认证的 PPP 客户端才可以接入到总部网络中。

【实验拓扑】

实验的拓扑图，如图 25-1 所示。

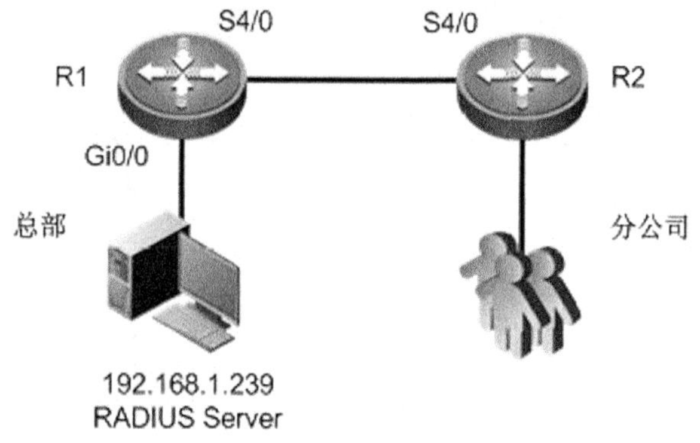

图 25-1

【实验设备】

路由器（软件版本为 RGNOS 10.1.00 及以上版本）2 台。

RADIUS 服务器 1 台（支持标准 RADIUS 协议的 RADIUS 服务器，本例中使用第三方 RADIUS 服务器软件 WinRadius）。

【预备知识】

路由器转发原理。

路由器基本配置。

AAA 认证原理。

PPP 原理及配置。

【实验原理】

在两台路由器间建立 PPP 链路时，客户端路由器向服务器端发起连接请求，服务器端路由器收集客户端发送的认证用户名和密码后，将用户名和密码发送给认证服务器，由服务器判断此接入请求应接受还是拒绝，并将相应的信息返回给服务器端路由器，服务器端路由器根据返回的结果，允许或拒绝客户端路由器的 PPP 链路的建立。

【实验步骤】

步骤 1　配置路由器接口地址。

```
Router1#congfig terminal
Router1(config)#interface serial 4/0
Router1(config-if)#ip address 172.16.1.1 255.255.255.0
Router1(config-if)#no shutdown
Router1(config-if)#exit
Router1(config)#interface gigabitEthernet 0/0
Router1(config-if)#ip address 192.168.1.1 255.255.255.0
Router1(config-if)#no shutdown

Router2(config)#interface serial 4/0
Router2(config-if)#ip address 172.16.1.2 255.255.255.0
Router2(config-if)#no shutdown
Router2(config-if)#exit
```

步骤 2　配置 AAA 认证方法列表。

```
Router1(config)#radius-server host 192.168.1.239
Router1(config)#aaa new-model
Router1(config)#aaa authentication ppp test group radius
```

步骤 3　在接口上应用 AAA 认证。

```
Router1(config)#interface serial 4/0
Router1(config-if)#encapsulation ppp
Router1(config-if)#ppp authentication pap test
```

步骤 4　在客户端路由器上封装 PPP。

```
Router2(config)#interface serial 4/0
Router2(config-if)#encapsulation ppp
Router2(config-if)#ppp pap sent-username ruijie password 0 test
！配置客户端发送的用户名为ruijie，密码为test
```

步骤 5　验证测试。

（1）配置完成后，如图 25-1 所示连接拓扑，在 RADIUS 服务器上用 Ethereal 进行抓包，捕获到的报文如图 25-2 所示。

```
▷ Frame 15 (112 bytes on wire, 112 bytes captured)
▷ Ethernet II, Src: 00:d0:f8:a5:e0:2b, Dst: 00:1b:fc:a6:ae:e2
▷ Internet Protocol, Src Addr: 192.168.1.1 (192.168.1.1), Dst Addr: 192.168.1.239 (192.168.1.239)
▽ User Datagram Protocol, Src Port: 1024 (1024), Dst Port: radius (1812)
    Source port: 1024 (1024)
    Destination port: radius (1812)
    Length: 78
    Checksum: 0x7d66 (correct)
▽ Radius Protocol
    Code: Access Request (1)
    Packet identifier: 0x3 (3)
    Length: 70
    Authenticator: 0xD579C986CEC3BFFD9D7C989974EAD442
  ▽ Attribute value pairs
    ▷ t:User Name(1) l:8, Value:"ruijie"
    ▷ t:Service Type(6) l:6, Value:Framed(2)
    ▷ t:Framed Protocol(7) l:6, Value:PPP(1)
    ▷ t:Framed IP Address(8) l:6, Value:0.0.0.0
      t:User Password(2) l:18, Value:FD665CE138087499029023D0CB3228A7
    ▷ t:NAS IP Address(4) l:6, Value:192.168.1.1
```

图 25-2

从捕获到的报文可以看出，此报文的源 IP 地址为 192.168.1.1，目的地址为 192.168.1.239，为 PPP 服务器端路由器向 RADIUS 服务器发送的 Access Rquest 报文。

服务器返回的结果如图 25-3 中的报文所示。

```
▷ Frame 16 (68 bytes on wire, 68 bytes captured)
▷ Ethernet II, Src: 00:1b:fc:a6:ae:e2, Dst: 00:d0:f8:a5:e0:2b
▷ Internet Protocol, Src Addr: 192.168.1.239 (192.168.1.239), Dst Addr: 192.168.1.1 (192.168.1.1)
▽ User Datagram Protocol, Src Port: radius (1812), Dst Port: 1024 (1024)
    Source port: radius (1812)
    Destination port: 1024 (1024)
    Length: 34
    Checksum: 0xd3df (correct)
▽ Radius Protocol
    Code: Access Accept (2)
    Packet identifier: 0x3 (3)
    Length: 26
    Authenticator: 0x06AEEDA71E80E6C409432B553E177BF0
  ▽ Attribute value pairs
      t:Session Timeout(27) l:6, Value:9999999
```

图 25-3

从结果中可以看到，认证结果为 Access Accept 报文。

（2）在 Router2 上用 show 命令查看端口情况。

```
Router2#show interface serial 4/0
Index(dec):1 (hex):1
serial 4/0 is UP  , line protocol is UP
Hardware is Infineon DSCC4 PEB20534 H-10 serial
Interface address is: 172.16.1.2/24
  MTU 1500 bytes, BW 2000 Kbit
  Encapsulation protocol is PPP, loopback not set
  Keepalive interval is 10 sec , set
  Carrier delay is 2 sec
  RXload is 1 ,Txload is 1
  LCP Open
  Open: ipcp
  Queueing strategy: WFQ
    11421118 carrier transitions
```

```
V35 DCE cable
DCD=up  DSR=up  DTR=up  RTS=up  CTS=up
```

从 show 结果可以看到，serial 4/0 端口状态为 UP，PPP 链路建立成功。

【备注事项】

在认证过程中，需要保证交换机与 RADIUS 服务器之间可达。

【参考配置】

```
Router1#show running-config

Building configuration...
Current configuration : 754 bytes

!
hostname Router1
!
aaa new-model
!
!
aaa authentication ppp test group radius
!
!
radius-server host 192.168.1.239
enable secret 5 $1$jhds$E5Fux411s7D7xpyw
!
!
interface serial 4/0
 encapsulation PPP
 ppp authentication pap test
 ip address 172.16.1.1 255.255.255.0
!
interface serial 4/1
 clock rate 64000
!
interface GigabitEthernet 0/0
 ip address 192.168.1.1 255.255.255.0
 duplex auto
 speed auto
!
interface GigabitEthernet 0/1
 duplex auto
 speed auto
!
```

```
line con 0
line aux 0
line vty 0 4
!
end
```

Router2#show running-config

```
Building configuration...
Current configuration : 637 bytes

!
hostname Router2
!
enable secret 5 $1$jhds$E5Fux411s7D7xpyw
!
!
interface serial 4/0
 encapsulation PPP
 ppp pap sent-username ruijie password 7 1001173411
 ip address 172.16.1.2 255.255.255.0
 clock rate 64000
!
interface serial 4/1
 clock rate 64000
!
interface GigabitEthernet 0/0
 duplex auto
 speed auto
!
interface GigabitEthernet 0/1
 duplex auto
 speed auto
!
!
!
line con 0
line aux 0
line vty 0 4
 login
!
end
```

实验 26　接入层 802.1x

【实验名称】

接入层 802.1x。

【实验目的】

使用交换机的 802.1x 功能增强网络接入安全。

【背景描述】

某企业的网络管理员为了防止有公司外部的用户将电脑接入到公司网络中，造成公司信息资源受到损失，希望员工的电脑在接入到公司网络之前进行身份验证，只有具有合法身份凭证的用户才可以接入到公司网络。

【需求分析】

要实现网络中基于端口的认证，交换机的 802.1x 特性可以满足这个要求。只有用户认证通过后交换机端口才会“打开”，允许用户访问网络资源。

【实验拓扑】

实验的拓扑图，如图 26-1 所示。

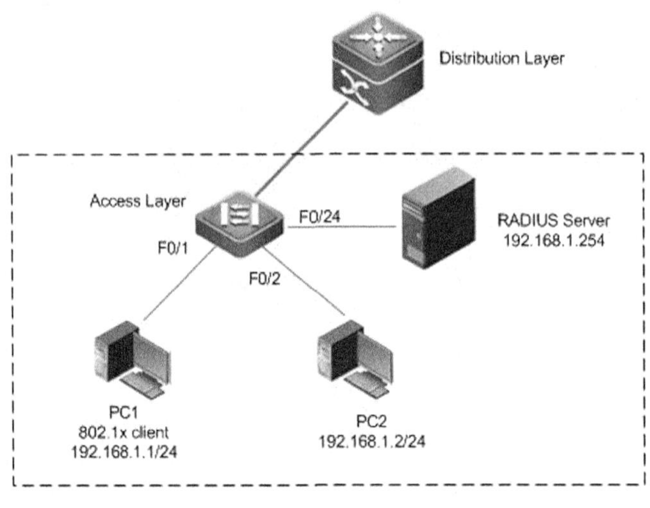

图 26-1

【实验设备】

交换机（软件版本为 RGNOS 10.1.00 及以上版本）1 台。

PC 机 2 台（其中 1 台需安装 802.1x 客户端软件，本实验中使用锐捷 802.1x 客户端软件）

RADIUS 服务器 1 台（支持标准 RADIUS 协议的 RADIUS 服务器，本例中使用第三方 RADIUS 服务器软件 WinRadius，在实际应用环境中，推荐使用锐捷 SAM 系统作为 RADIUS 服务器，以支持更多的高级及扩展应用）。

【预备知识】

交换机转发原理。

交换机基本配置。

802.1x 原理。

【实验原理】

802.1x 协议是一种基于端口的网络接入控制（Port Based Network Access Control）协议。"基于端口的网络接入控制"是指在局域网接入设备的端口级别对所接入的设备进行认证和控制。如果连接到端口上的设备能够通过认证，则端口就被开放，终端设备就被允许访问局域网中的资源；如果连接到端口上的设备不能通过认证，则端口就相当于被关闭，使终端设备无法访问局域网中的资源。

【实验步骤】

步骤 1　验证网络连通性。

按照拓扑配置 PC1、PC2、RADIUS 服务器的 IP 地址，在 PC1 上 ping PC2 的地址，验证 PC1 与 PC2 的网络连通性，可以 ping 通，如图 26-2 所示。

```
C:\Documents and Settings\Administrator>ping 192.168.1.2

Pinging 192.168.1.2 with 32 bytes of data:

Reply from 192.168.1.2: bytes=32 time<1ms TTL=63
Reply from 192.168.1.2: bytes=32 time<1ms TTL=63
Reply from 192.168.1.2: bytes=32 time<1ms TTL=63
Reply from 192.168.1.2: bytes=32 time<1ms TTL=63

Ping statistics for 192.168.1.2:
    Packets: Sent = 4, Received = 4, Lost = 0 (0% loss),
Approximate round trip times in milli-seconds:
    Minimum = 0ms, Maximum = 0ms, Average = 0ms
```

图 26-2

步骤 2　配置交换机 802.1x 认证。

```
Switch#configure
Switch(config)#aaa new-model
Switch(config)#aaa authentication dot1x ruijie group radius
Switch(config)#dot1x authentication ruijie
Switch(config)#radius-server host 192.168.1.254
Switch(config)#radius-server key 12345
！此处配置的密钥要与 RADIUS 服务器上配置的一致

Switch(config)#interface vlan 1
Switch(config-if)#ip address 192.168.1.200 255.255.255.0
Switch(config-if)#exit
Switch(config)#interface fastEthernet 0/1
Switch(config-if)#dot1x port-control auto
！启用 F0/1 端口的 802.1x 认证
```

```
Switch(config-if)#end
Switch#
```

步骤 3　验证测试。

此时用 PC1 ping PC2 的地址，如图 26-3 所示。

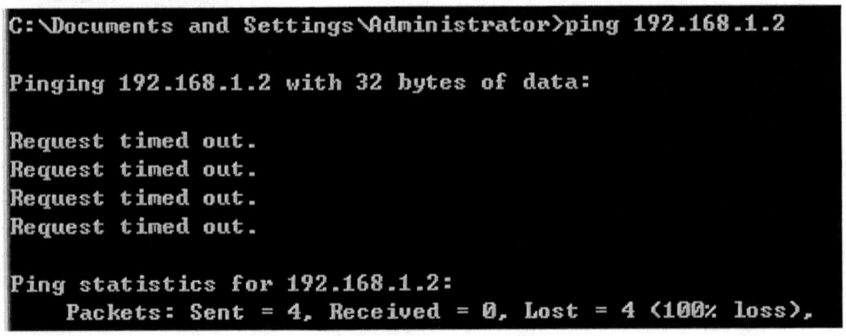

C:\Documents and Settings\Administrator>ping 192.168.1.2
Pinging 192.168.1.2 with 32 bytes of data:
Request timed out.
Request timed out.
Request timed out.
Request timed out.
Ping statistics for 192.168.1.2:
Packets: Sent = 4, Received = 0, Lost = 4 (100% loss),

图 26-3

由于 F0/1 端口启用了 802.1x 认证，在 PC1 没有认证的情况下，无法访问网络。

步骤 4　配置 RADIUS 服务器。

运行 WinRadius 服务器，并添加账户信息，如图 26-4 所示。

WinRadius - 无标题
操作 日志 高级 设置 查看 帮助
添加账号...
批量添加用户...
删除账号...
修改账号...
查询...
输出结果...
预览结果...
打印结果
打印设置(R)...
退出(X)
消息
已经加载0个账号
WinRadius 服务器已经正确启动，（认证端口为1812，计费端口为1
WinRadius 正在等待 NAS 的 request 消息。如果没有，请检查 NAS 配
添加账号

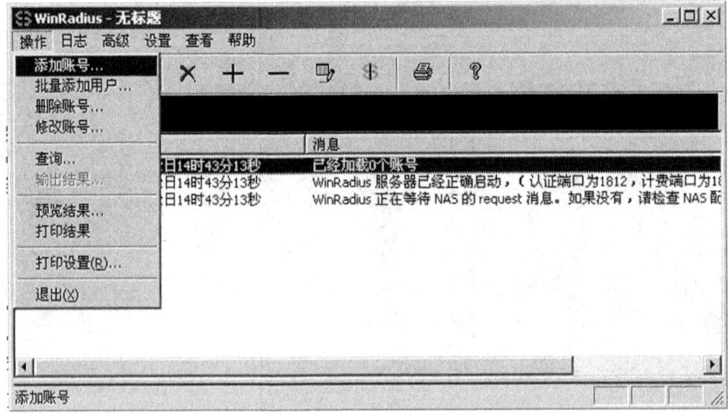

图 26-4

设置账户信息，用户名为 test，密码为 testpass，如图 26-5 所示。

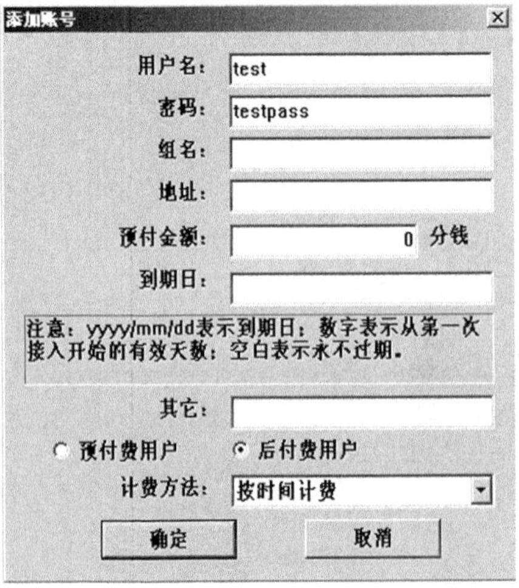

添加账号
用户名：
test
密码：
testpass
组名：
地址：
预付金额：
0
分钱
到期日：
注意：yyyy/mm/dd表示到期日；数字表示从第一次接入开始的有效天数；空白表示永不过期。
其它：
预付费用户
后付费用户
计费方法：
按时间计费
确定
取消

图 26-5

设置 RADIUS 服务器的系统属性，如图 26-6 所示。

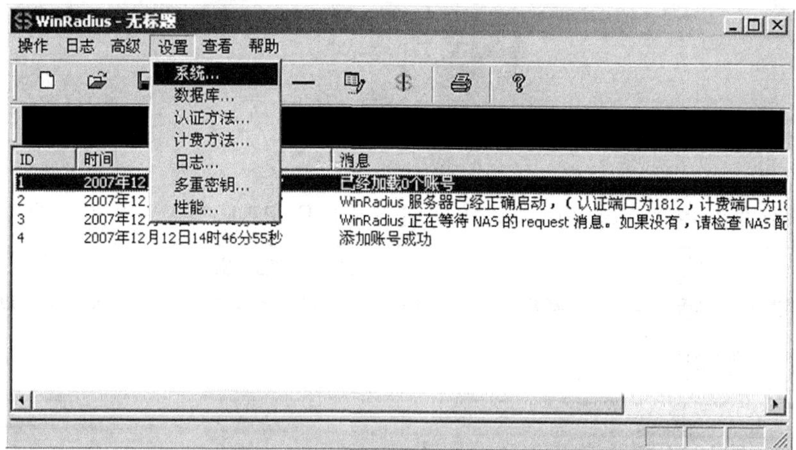

图 26-6

设置 RADIUS 服务器的密钥，要与交换机上配置的密钥保持一致；验证端口号和计费端口号都保持默认的标准端口号，如果设置其他的端口号，也需要在交换机上的 RADIUS 服务器配置中进行相应的设置，如图 26-7 所示。

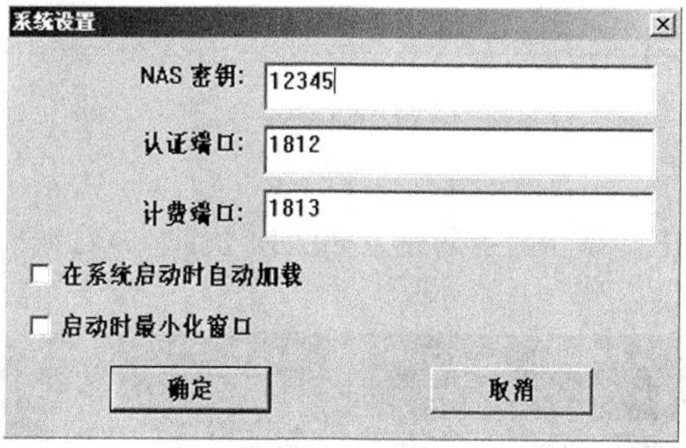

图 26-7

步骤 5　启用 802.1x 客户端进行验证。

在 PC1 上启动锐捷 802.1x 客户端，输入用户名（test）和密码（testpass），单击“链接”按钮进行认证，如图 26-8 所示。

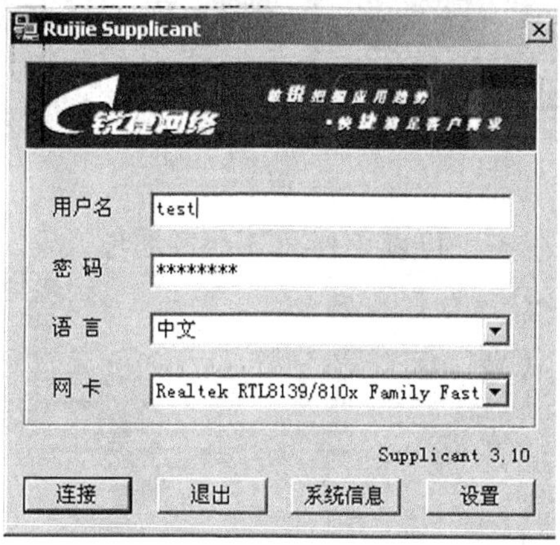

图 26-8

认证成功后，在 Windows 右下角的状态栏中显示认证成功，如图 26-9 所示。

图 26-9

图 26-10 所示为在 PC1 上捕获的 802.1x 认证过程（EAP-MD5 认证方式）的报文。

```
No. -  Time      Source             Destination        Protocol  Info
  1 0.000000  00:15:f2:dc:96:a4  01:80:c2:00:00:03  EAPOL     Start
  2 0.000637  00:d0:f8:82:f4:a1  00:15:f2:dc:96:a4  EAP       Request, Identity [RFC3748]
  3 0.001928  00:15:f2:dc:96:a4  00:d0:f8:82:f4:a1  EAP       Response, Identity [RFC3748]
  4 0.005013  00:d0:f8:82:f4:a1  00:15:f2:dc:96:a4  EAP       Request, MD5-Challenge [RFC3748]
  5 0.100908  00:15:f2:dc:96:a4  00:d0:f8:82:f4:a1  EAP       Response, MD5-Challenge [RFC3748]
  6 0.104154  00:d0:f8:82:f4:a1  00:15:f2:dc:96:a4  EAP       Success

⊞ Frame 2 (60 bytes on wire, 60 bytes captured)
⊟ Ethernet II, Src: 00:d0:f8:82:f4:a1 (00:d0:f8:82:f4:a1), Dst: 00:15:f2:dc:96:a4 (00:15:f2:dc:96:a4)
  ⊞ Destination: 00:15:f2:dc:96:a4 (00:15:f2:dc:96:a4)
  ⊞ Source: 00:d0:f8:82:f4:a1 (00:d0:f8:82:f4:a1)
    Type: 802.1X Authentication (0x888e)
    Trailer: 00131100000000013110069000000000000000000000000000000...
⊟ 802.1X Authentication
    Version: 1
    Type: EAP Packet (0)
    Length: 5
  ⊟ Extensible Authentication Protocol
      Code: Request (1)
      Id: 1
      Length: 5
      Type: Identity [RFC3748] (1)
```

图 26-10

步骤 6　验证测试。

在 PC1 上 ping PC2 的 IP 地址，由于通过了 802.1x 认证，F0/1 端口被“打开”，PC1 与 PC2 可以 ping 通，如图 26-11 所示。

```
C:\Documents and Settings\Administrator>ping 192.168.1.2

Pinging 192.168.1.2 with 32 bytes of data:

Reply from 192.168.1.2: bytes=32 time<1ms TTL=63
Reply from 192.168.1.2: bytes=32 time<1ms TTL=63
Reply from 192.168.1.2: bytes=32 time<1ms TTL=63
Reply from 192.168.1.2: bytes=32 time<1ms TTL=63

Ping statistics for 192.168.1.2:
    Packets: Sent = 4, Received = 4, Lost = 0 (0% loss),
Approximate round trip times in milli-seconds:
    Minimum = 0ms, Maximum = 0ms, Average = 0ms
```

图 26-11

查看交换机的 802.1x 认证状态，可以看到 PC1 已经通过认证。

```
Switch#show dot1x summary
ID     MAC     Interface VLAN  Auth-State Backend-State Port-Status User-Type
-------- -------------- --------- ---- --------------- -------------
14  0015.f2dc.96a4 Fa0/1  1  Authenticated  Idle        Authed      static

Switch#show dot1x user id 14

User name:  test
```

```
User id: 14
Type: static
Mac address is 0015.f2dc.96a4
Vlan id is 1
Access from port Fa0/1
Time online: 0days 0h 0m10s
User ip address is 192.168.1.1
Max user number on this port is 6000
Start accounting
Permit proxy user
Permit dial user
IP privilege is 0
```

步骤 7　注销 802.1x 认证。

单击“断开连接”按钮，注销 802.1x 认证。图 26-12 所示为在 PC1 上捕获的 802.1x 注销过程的报文。

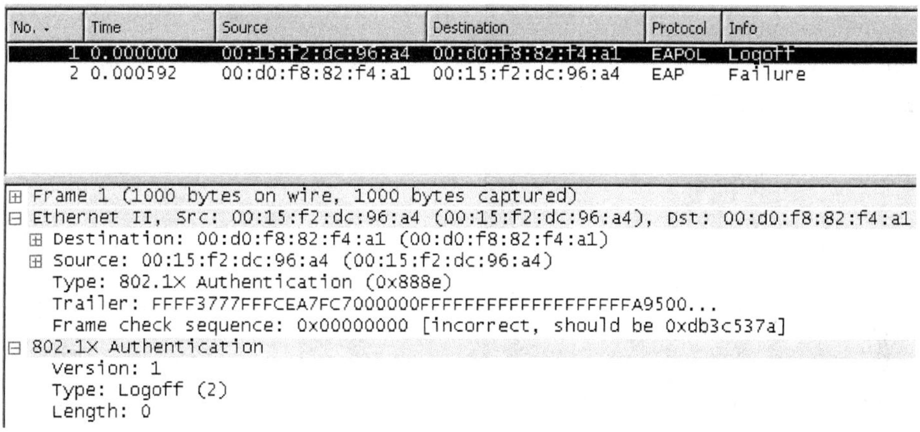

No.	Time	Source	Destination	Protocol	Info
1	0.000000	00:15:f2:dc:96:a4	00:d0:f8:82:f4:a1	EAPOL	Logoff
2	0.000592	00:d0:f8:82:f4:a1	00:15:f2:dc:96:a4	EAP	Failure

```
⊞ Frame 1 (1000 bytes on wire, 1000 bytes captured)
⊟ Ethernet II, Src: 00:15:f2:dc:96:a4 (00:15:f2:dc:96:a4), Dst: 00:d0:f8:82:f4:a1
  ⊞ Destination: 00:d0:f8:82:f4:a1 (00:d0:f8:82:f4:a1)
  ⊞ Source: 00:15:f2:dc:96:a4 (00:15:f2:dc:96:a4)
    Type: 802.1X Authentication (0x888e)
    Trailer: FFFF3777FFFCEA7FC7000000FFFFFFFFFFFFFFFFFFFA9500...
    Frame check sequence: 0x00000000 [incorrect, should be 0xdb3c537a]
⊟ 802.1X Authentication
    Version: 1
    Type: Logoff (2)
    Length: 0
```

图 26-12

【备注事项】

在认证过程中，需要保证交换机与 RADIUS 服务器之间可达。

【参考配置】

```
Switch#show running-config

Building configuration...
Current configuration : 1367 bytes

!
hostname Switch
!
aaa new-model
!
!
aaa authentication dot1x ruijie group radius
```

```
!
!
vlan 1
!
!
!
!
!
!
!
radius-server host 192.168.1.254
radius-server key 7 0549546d577a
!
!
!
!
dot1x authentication ruijie
interface FastEthernet 0/1
 dot1x port-control auto
!
interface FastEthernet 0/2
!
interface FastEthernet 0/3
!
interface FastEthernet 0/4
!
interface FastEthernet 0/5
!
interface FastEthernet 0/6
!
interface FastEthernet 0/7
!
interface FastEthernet 0/8
!
interface FastEthernet 0/9
!
interface FastEthernet 0/10
!
interface FastEthernet 0/11
!
interface FastEthernet 0/12
!
interface FastEthernet 0/13
!
interface FastEthernet 0/14
```

```
!
interface FastEthernet 0/15
!
interface FastEthernet 0/16
!
interface FastEthernet 0/17
!
interface FastEthernet 0/18
!
interface FastEthernet 0/19
!
interface FastEthernet 0/20
!
interface FastEthernet 0/21
!
interface FastEthernet 0/22
!
interface FastEthernet 0/23
!
interface FastEthernet 0/24
!
interface GigabitEthernet 0/25
!
interface GigabitEthernet 0/26
!
interface GigabitEthernet 0/27
!
interface GigabitEthernet 0/28
!
interface VLAN 1
 ip address 192.168.1.200 255.255.255.0
!
!
!
!
!
line con 0
line vty 0 4
 login
!
!
end
```

实验 27　配置静态 NAT

【实验名称】

配置静态 NAT。

【实验目的】

配置网络地址变换，提供到公司共享服务器的可靠外部访问。

【背景描述】

某 IT 企业因业务扩展，需要升级网络，他们选择 172.16.1.0/24 作为私有地址，并用 NAT 来处理和外部网络的连接。

【需求分析】

公司需要将 172.16.1.5 和 172.16.1.6 两台主机作为共享服务器，需要外网能够访问，考虑到包括安全在内的诸多因素，公司希望对外部隐藏内部网络。

【实验拓扑】

实验的拓扑图，如图 27-1 所示。

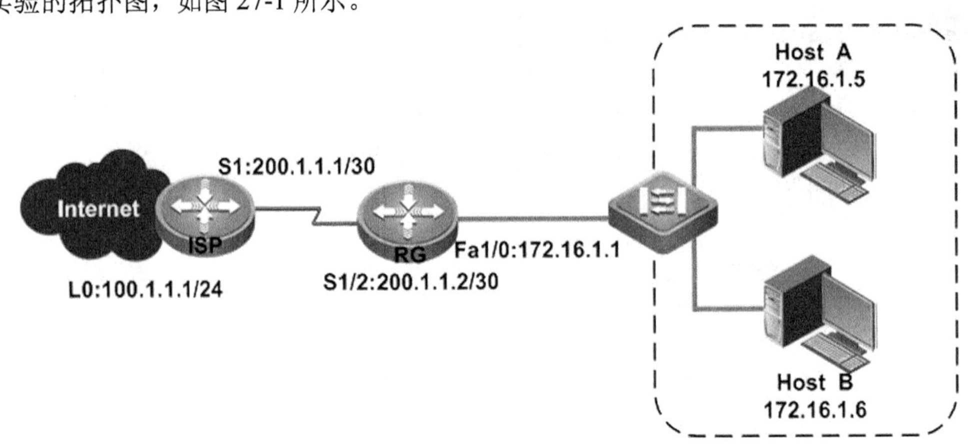

图 27-1

【实验设备】

路由器（软件版本为 RGNOS 10.1.00 及以上版本）2 台。

交换机（软件版本为 RGNOS 10.1.00 及以上版本）1 台。

PC 机 2 台。

【预备知识】

路由器基本配置知识、IP 路由知识、NAT 原理。

【实验原理】

在路由器上把 172.16.1.5、172.16.1.6 两台主机静态映射到外部，把内网隐藏起来。

【实验步骤】

步骤 1　在路由器上配置 IP 路由选择和 IP 地址。

```
RG#config  t
RG(config)#interface serial 1/2
RG(config-if) #ip address 200.1.1.2 255.255.255.252
RG(config-if) #clock rate 64000
RG(config)#interface FastEthernet 1/0
RG(config-if) #ip address 172.16.1.1 255.255.255.0
RG(config)#ip route 0.0.0.0 0.0.0.0 serial 1/2
```

步骤 2　配置静态 NAT。

```
RG(config)#ip nat inside source static 172.16.1.5 200.1.1.80
RG(config)#ip nat inside source static 172.16.1.5 200.1.1.81
```

步骤 3　指定一个内部接口和一个外部接口。

```
RG(config)#interface serial 1/2
RG(config-if)#ip nat outside
RG(config)#interface FastEthernet 1/0
RG(config-if)#ip nat inside
```

步骤 4　验证测试。

用 telnet 登录远程主机 100.1.1.1 来测试 NAT 的转换。

```
C:\>telnet 100.1.1.1
    User Access Verification
    Password:

RG#sh ip nat translations
Pro Inside global      Inside local      Outside local      Outside global
tcp 200.1.1.80:1172    172.16.1.5:1172   100.1.1.1:23       100.1.1.1:23
tcp 200.1.1.81:1173    172.16.1.6:1173   100.1.1.1:23       100.1.1.1:23

RG#debug ip nat
RG#NAT: [A] pk 0x03f470e4 s 172.16.1.5->200.1.1.80:1172 [3980]
NAT: [B] pk 0x03f5b540 d 200.1.1.80->172.16.1.5:1172 [259]
NAT: [A] pk 0x03f4b3ac s 172.16.1.5->200.1.1.80:1172 [3981]
NAT: [B] pk 0x03f4a888 d 200.1.1.80->172.16.1.5:1172 [260]
NAT: [A] pk 0x03f478c8 s 172.16.1.5->200.1.1.80:1172 [3982]
NAT: [B] pk 0x03f4a6f4 d 200.1.1.80->172.16.1.5:1172 [261]
NAT: [A] pk 0x03f4bd24 s 172.16.1.5->200.1.1.80:1172 [3983]
NAT: [B] pk 0x03f498a8 d 200.1.1.80->172.16.1.5:1172 [262]
```

【备注事项】

在做本实验前，一定要先配置好路由，要使用整个网络通信后再启用 NAT。

【参考配置】

```
RG#sh run
Building configuration...
```

```
Current configuration : 692 bytes
!
version 8.4 (building 15)
hostname RG
enable secret 5 $1$yLhr$s2r9y51xyE7yFA12
!
no service password-encryption
!
interface serial 1/2
 ip nat outside
 ip address 200.1.1.2 255.255.255.252
 clock rate 64000
!
interface serial 1/3
 clock rate 64000
!
interface FastEthernet 1/0
 ip nat inside
 ip address 172.16.1.1 255.255.255.0
 duplex auto
 speed auto
!
interface FastEthernet 1/1
 duplex auto
 speed auto
!
interface Null 0
!
ip nat inside source static 172.16.1.3 200.1.1.80
!
ip route 0.0.0.0 0.0.0.0 serial 1/2
!
line con 0
line aux 0
line vty 0
 login
 password 7 013244
line vty 1 4
 login
```

实验 28 配置动态 NAT

【实验名称】

配置动态 NAT。

【实验目的】

配置网络地址变换，为私有地址的用户提供到外部网络的资源的访问。

【背景描述】

某 IT 企业因业务扩展，需要升级网络，他们选择 172.16.1.0/24 作为私有地址，并用 NAT 来处理和外部网络的连接。

【需求分析】

ISP 提供商给 IT 企业的一段公共 IP 地址的地址段为 200.1.1.200~100.1.1.210，需要内网使用这段址去访问 Internet，考虑到包括安全在内的诸多因素，公司希望对外部隐藏内部网络。

【实验拓扑】

实验的拓扑图，如图 28-1 所示。

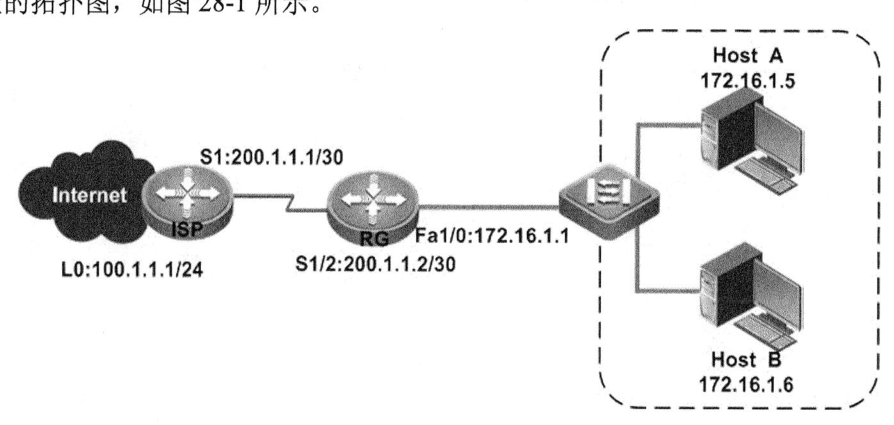

图 28-1

【实验设备】

路由器（软件版本为 RGNOS 10.1.00 及以上版本）2 台。

交换机（软件版本为 RGNOS 10.1.00 及以上版本）1 台。

PC 机 2 台（需要 1 台 PC 机的操作系统为 Red Hat Enterprise Linux 4.0）

【预备知识】

路由器基本配置知识、IP 路由知识、NAT 原理。

【实验原理】

在路由器上定义内网与外网接口，利用 NAT 地址池实现内网对外网的访问，并把内网隐藏起来。

【实验步骤】

步骤 1　在路由器上配置 IP 路由选择和 IP 地址。

```
RG#config  t
RG(config)#interface serial 1/2
RG(config-if) #ip address 200.1.1.2 255.255.255.252
RG(config-if) #clock rate 64000
RG(config)#interface FastEthernet 1/0
RG(config-if) #ip address 172.16.1.1 255.255.255.0
RG(config)#ip route 0.0.0.0 0.0.0.0 serial 1/2
```

步骤 2　定义一个 IP 访问列表。

```
RG(config)#access-list 10 permit 172.16.1.0 0.0.0.255
```

步骤 3　配置静态 NAT。

```
RG(config)# ip nat pool ruijie 200.1.1.200 200.1.1.210 prefix-length 24
RG(config)#ip nat inside source list 10 pool ruijie
```

步骤 4　指定一个内部接口和一个外部接口。

```
RG(config)#interface serial 1/2
RG(config-if)#ip nat outside
RG(config)#interface FastEthernet 1/0
RG(config-if)#ip nat inside
```

步骤 5　验证测试。

用两台主机 telnet 登录远程主机 100.1.1.1 来测试 NAT 的转换。

```
C:\>telnet 100.1.1.1
    User Access Verification
    Password:
[root@lab ~]# telnet 100.1.1.1
Trying 100.1.1.1...
Connected to 100.1.1.1 (100.1.1.1).
Escape character is '^]'.
User Access Verification
Password:

RG#sh ip nat translations

Pro Inside global      Inside local      Outside local      Outside global
tcp 200.1.1.201:1174   172.16.1.6:1174   100.1.1.1:23       100.1.1.1:23
tcp 200.1.1.204:1026   172.16.1.5:1026   100.1.1.1:23       100.1.1.1:23

RG#debug ip nat
RG#NAT: [A] pk 0x03f553ec s 172.16.1.6->200.1.1.201:1176 [4082]
NAT: [B] pk 0x03f56d44 d 200.1.1.201->172.16.1.6:1174 [363]
NAT: [A] pk 0x03f560a4 s 172.16.1.6->200.1.1.201:1174 [4083]
NAT: [B] pk 0x03f4d044 d 200.1.1.201->172.16.1.6:1174 [364]
NAT: [A] pk 0x03f50620 s 172.16.1.6->200.1.1.201:1174 [4084]
```

```
NAT: [B] pk 0x03f4f968 d 200.1.1.201->172.16.1.6:1174 [365]
NAT: [A] pk 0x03f55580 s 172.16.1.6->200.1.1.201:1174 [4085]
......
NAT: [A] pk 0x03f54d84 s 172.16.1.5->200.1.1.204:1026 [52337]
NAT: [B] pk 0x03f56238 d 200.1.1.204->172.16.1.5:1026 [372]
NAT: [A] pk 0x03f56888 s 172.16.1.5->200.1.1.204:1026 [52339]
NAT: [A] pk 0x03f56560 s 172.16.1.5->200.1.1.204:1026 [52341]
NAT: [B] pk 0x03f566f4 d 200.1.1.204->172.16.1.5:1026 [373]
NAT: [A] pk 0x03f5b6d4 s 172.16.1.5->200.1.1.204:1026 [52343]
NAT: [B] pk 0x03f51c50 d 200.1.1.204->172.16.1.5:1026 [374]
```

【参考配置】

```
RG#sh run
Building configuration...
Current configuration : 789 bytes
version 8.4 (building 15)
hostname RG
enable secret 5 $1$yLhr$s2r9y51xyE7yFA12
access-list 10 permit 172.16.1.0 0.0.0.255
no service password-encryption
!
interface serial 1/2
 ip nat outside
 ip address 200.1.1.2 255.255.255.252
 clock rate 64000
!
interface FastEthernet 1/0
 ip nat inside
 ip address 172.16.1.1 255.255.255.0
 duplex auto
 speed auto
!
interface FastEthernet 1/1
 duplex auto
 speed auto
!
interface Null 0
ip nat pool ruijie 200.1.1.200 200.1.1.210 prefix-length 24
ip nat inside source list 10 pool ruijie
ip route 0.0.0.0 0.0.0.0 serial 1/2
line con 0
line aux 0
line vty 0
 login
 password 7 093d12
line vty 1 4
 login
!
```

实验 29　配置 NAT 地址复用（NAPT）

【实验名称】

配置 NAT 地址复用。

【实验目的】

配置网络地址变换，为私有地址的用户提供到外部网络资源的访问。

【背景描述】

某 IT 企业因业务扩展，需要升级网络，他们选择 172.16.1.0/24 作为私有地址，并用 NAT 来处理和外部网络的连接。

【需求分析】

由于 IPv4 地址不足，所以 ISP 提供商只给 IT 企业的广域网如下的接口 IP 地址，地址为 200.1.1.2/30，需要企业内网都能使用这个地址去访问 Internet，考虑到包括安全在内的诸多因素，公司希望对外部隐藏内部网络。

【实验拓扑】

实验的拓扑图，如图 29-1 所示。

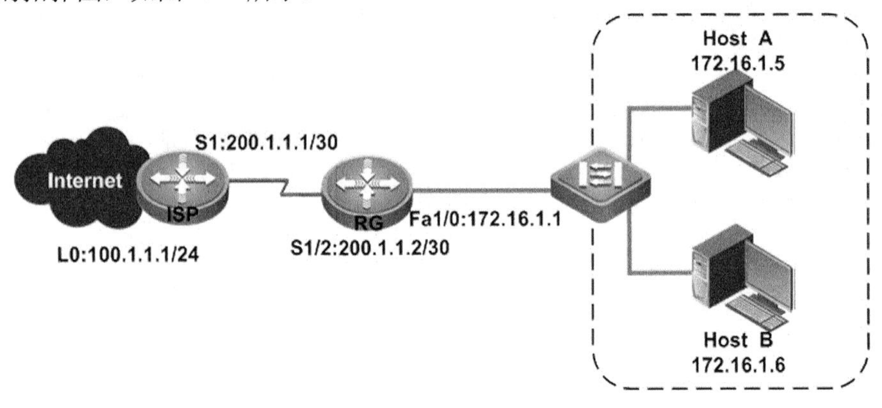

图 29-1

【实验设备】

路由器（软件版本为 RGNOS 10.1.00 及以上版本）2 台。

交换机（软件版本为 RGNOS 10.1.00 及以上版本）1 台。

PC 机 2 台（需要 1 台 PC 机的操作系统为 Red Hat Enterprise Linux 4.0）

【预备知识】

路由器基本配置知识、IP 路由知识、NAT 原理。

【实验原理】

在路由器上定义内网与外网接口，利用 NAPT 实现内网对外网的访问，并把内网隐藏起来。

【实验步骤】

步骤 1　在路由器上配置 IP 路由选择和 IP 地址。

```
RG#config  t
RG(config)#interface serial 1/2
RG(config-if) #ip address 200.1.1.2 255.255.255.252
RG(config-if) #clock rate 64000
RG(config)#interface FastEthernet 1/0
RG(config-if) #ip address 172.16.1.1 255.255.255.0
RG(config)#ip route 0.0.0.0 0.0.0.0 serial 1/2
```

步骤 2　配置静态 NAT。

```
RG(config)# ip nat inside source list 10 interface serial 1/2 overload
```

步骤 3　指定一个内部接口和一个外部接口。

```
RG(config)#interface serial 1/2
RG(config-if)#ip nat outside
RG(config)#interface FastEthernet 1/0
RG(config-if)#ip nat inside
```

步骤 4　验证测试。

用两台主机 telnet 登录远程主机 100.1.1.1 来测试 NAT 的转换。

```
C:\>telnet 100.1.1.1
    User Access Verification
    Password:
[root@lab ~]# telnet 100.1.1.1
Trying 100.1.1.1...
Connected to 100.1.1.1 (100.1.1.1).
Escape character is '^]'.
User Access Verification
Password:

RG#sh ip nat translations
Pro Inside global      Inside local       Outside local      Outside global
tcp 200.1.1.2:1029     172.16.1.5:1029    100.1.1.1:23       100.1.1.1:23
tcp 200.1.1.2:1183     172.16.1.3:1183    100.1.1.1:23       100.1.1.1:23
```

【参考配置】

```
RG#sh run
Building configuration
Current configuration : 745 bytes
version 8.4 (building 15)
hostname RG
enable secret 5 $1$yLhr$s2r9y51xyE7yFA12
access-list 10 permit 172.16.1.0 0.0.0.255
no service password-encryption
```

```
interface serial 1/2
 ip nat outside
 ip address 200.1.1.2 255.255.255.252
 clock rate 64000
!
interface serial 1/3
 clock rate 64000
!
interface FastEthernet 1/0
 ip nat inside
 ip address 172.16.1.1 255.255.255.0
 duplex auto
 speed auto
!
interface FastEthernet 1/1
 duplex auto
 speed auto
!
interface Null 0
!
ip nat inside source list 10 interface serial 1/2 overload
!
ip route 0.0.0.0 0.0.0.0 serial 1/2
!
line con 0
line aux 0
line vty 0
 login
 password 7 025144
line vty 1 4
 login
!
end
```

实验 30　配置 TCP 负载分配

【实验名称】

配置 TCP 负载分配。

【实验目的】

配置网络地址变换，使用一个单地址，实现两台 WEB 服务器负载平衡。

【背景描述】

某 IT 企业因业务扩展，需要升级网络，他们选择 172.16.1.0/24 作为私有地址，并用 NAT 来处理和外部网络的连接。并要求实现内网中的两台 WEB 服务器负载平衡。

【需求分析】

企业网内部有两台 WEB 服务器，希望把两台服务器发布出去，并要求实现两台服务器负载平衡。这两台服务器的 IP 地址为 172.16.1.5 和 172.16.1.6，虚拟服务器地址为 50.1.1.10，考虑到包括安全在内的诸多因素，公司希望对外部隐藏内部网络。

【实验拓扑】

实验的拓扑图，如图 30-1 所示。

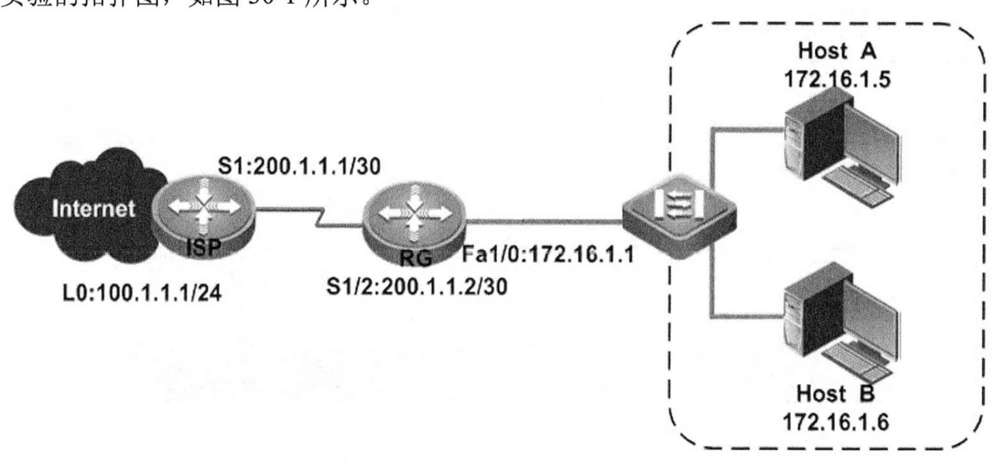

图 30-1

【实验设备】

路由器（软件版本为 RGNOS 10.1.00 及以上版本）2 台。

交换机（软件版本为 RGNOS 10.1.00 及以上版本）1 台。

PC 机 1 台。

WebServer 服务器 2 台（操作系统为 Red Hat Enterprise Linux 4.0）

【预备知识】

路由器基本配置知识、IP 路由知识、NAT 原理、WEB 知识。

【实验原理】

在路由器上定义内网与外网接口，利用 TCP 负载功能实现两台服务器负载平衡。

【实验步骤】

步骤 1　在路由器上配置 IP 路由选择和 IP 地址。

```
RG#config t
RG(config)#interface serial 1/2
RG(config-if) #ip address 200.1.1.2 255.255.255.252
RG(config-if) #clock rate 64000
RG(config)#interface FastEthernet 1/0
RG(config-if) #ip address 172.16.1.1 255.255.255.0
RG(config)#ip route 0.0.0.0 0.0.0.0 serial 1/2
```

步骤 2　通过一个虚拟主机许可声明来定义一个标准的 IP 访问列表。

```
RG(config)# access-list 50 permit host 50.1.1.10
```

步骤 3　为真实的主机定义一个 IP NAT 池，确保其为旋转式池。

```
RG(config)# ip nat pool webserver 172.16.1.5 172.16.1.6 prefix-length 24 type
rotary
```

步骤 4　定义访问列表与真实主机池之间的映射。

```
RG(config)# ip nat inside destination list 50 pool webserver
```

步骤 5　指定一个内部接口和一个外部接口。

```
RG(config)#interface serial 1/2
RG(config-if)#ip nat outside
RG(config)#interface FastEthernet 1/0
RG(config-if)#ip nat inside
```

步骤 6　验证测试。

在主机 A 上用浏览器打开 http://50.1.1.10，如图 30-2 所示。

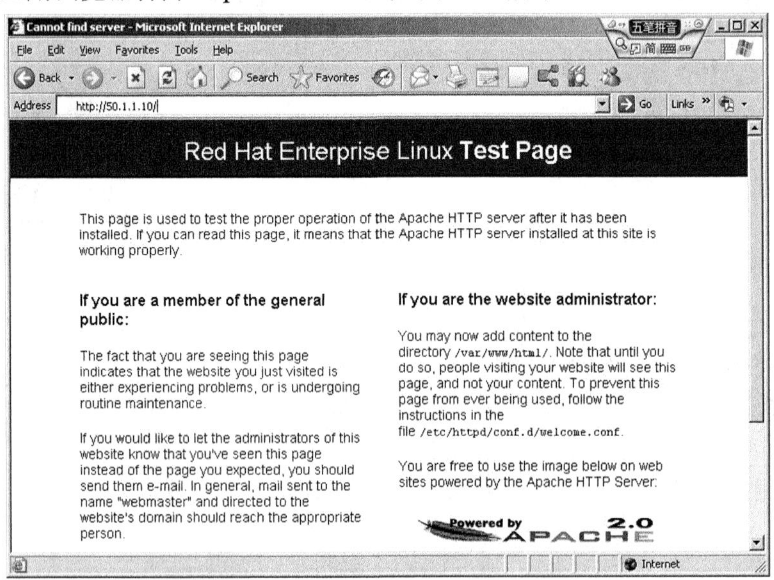

图 30-2

```
RG#sh ip nat translations
Pro Inside global      Inside local       Outside local      Outside global
tcp 50.1.1.10:80       172.16.1.5:80      200.1.1.1:24015    200.1.1.1:24015
tcp 50.1.1.10:80       172.16.1.6:80      200.1.1.1:18302    200.1.1.1:18302

RG#debug ip nat
*Mar  1 00:15:57.595: NAT*: s=100.1.1.2, d=50.1.1.10->172.16.1.5 [32695]
*Mar  1 00:15:57.723: NAT*: s=172.16.1.5->50.1.1.10, d=100.1.1.2 [40580]
*Mar  1 00:15:57.859: NAT*: s=100.1.1.2, d=50.1.1.10->172.16.1.5 [32696]
*Mar  1 00:15:57.883: NAT*: s=100.1.1.2, d=50.1.1.10->172.16.1.5 [32697]

*Mar  1 00:16:39.267: NAT*: s=100.1.1.2, d=50.1.1.10->172.16.1.6 [19262]
*Mar  1 00:16:39.383: NAT*: s=172.16.1.6->50.1.1.10, d=100.1.1.2 [33441]
*Mar  1 00:16:39.495: NAT*: s=100.1.1.2, d=50.1.1.10->172.16.1.6 [19263]
*Mar  1 00:16:39.495: NAT*: s=100.1.1.2, d=50.1.1.10->172.16.1.6 [19264]
*Mar  1 00:16:39.607: NAT*: s=100.1.1.2, d=50.1.1.10->172.16.1.6 [19265]
```

【备注事项】

如果从主机A ping 50.1.1.10。这样的ping测试将会失败，这是因为，ping测试使用的是ICMP而不是TCP，而NAT负载分配功能仅仅支持TCP协议。

【参考配置】

```
RG#sh run
Building configuration...
Current configuration : 745 bytes
version 8.4 (building 15)
hostname RG
enable secret 5 $1$yLhr$s2r9y51xyE7yFA12
access-list 10 permit 172.16.1.0 0.0.0.255
no service password-encryption
!
access-list 50 permit host 50.1.1.10
interface serial 1/2
 ip nat outside
 ip address 200.1.1.2 255.255.255.252
 clock rate 64000
!
interface serial 1/3
 clock rate 64000
!
interface FastEthernet 1/0
 ip nat inside
 ip address 172.16.1.1 255.255.255.0
```

```
 duplex auto
 speed auto
!
interface FastEthernet 1/1
 duplex auto
 speed auto
!
interface Null 0
!
ip nat pool webserver 172.16.1.5 172.16.1.6 prefix-length 24 type rotary
ip nat inside destination list 50 pool webserver
!
ip route 0.0.0.0 0.0.0.0 serial 1/2
!
line con 0
line aux 0
line vty 0
 login
 password 7 025144
line vty 1 4
 login
!
end
```

实验 31　配置策略路由

【实验名称】

配置策略路由。

【实验目的】

利用策略路由实现两家 ISP 提供商线路的负载均衡。

【背景描述】

公司希望 ISP A 和 ISP B 收到大致相同的流量，在路由器 A 上实现策略路由，以便使两家 ISP 的连接负载均衡。

【需求分析】

公司的内网为 10.1.0.0 和 10.2.0.0 两个网段，所以公司需要只有两段地址去访问 internet，除此之外的其他都不能访问互联网，并且要求两条线路负载平衡。

【实验拓扑】

实验的拓扑图，如图 31-1 所示。

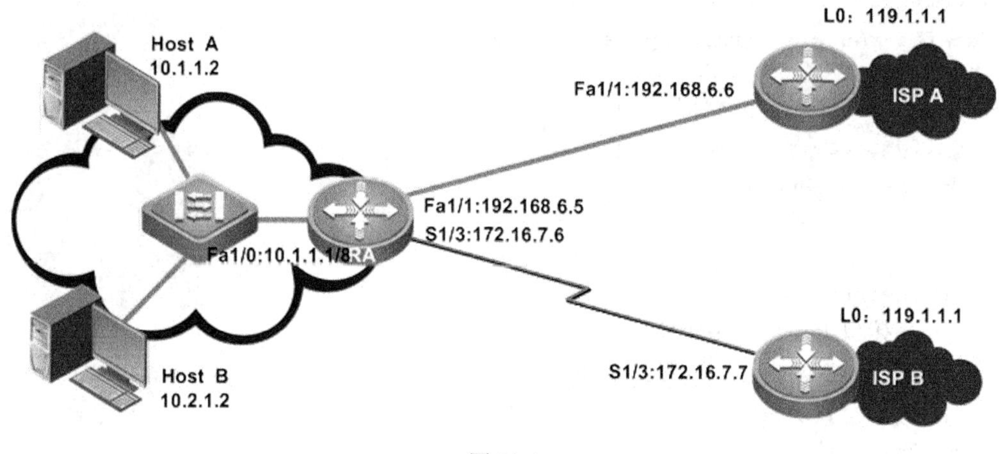

图 31-1

【实验设备】

路由器（软件版本为 RGNOS 10.1.00 及以上版本）3 台。

交换机（软件版本为 RGNOS 10.1.00 及以上版本）1 台。

PC 机 2 台。

【预备知识】

路由器基本配置知识、IP 路由知识。

【实验原理】

利用路由映射表来配置，并在接口上应用路由映射表。

【实验步骤】

步骤 1　在路由器上配置 IP 路由选择和 IP 地址。

```
RG(config)#interface serial 1/3
RG(config-if) #ip address 192.168.6.5 255.255.255.0
RG(config-if) # clock rate 64000

RG(config)#interface FastEthernet 1/0
RG(config-if) #ip address 10.1.1.1 255.0.0.0

RG(config)#interface FastEthernet 1/1
RG(config-if) #ip address 172.16.7.6 255.255.255.0

RG(config)# ip route 0.0.0.0 0.0.0.0 FastEthernet 1/1
RG(config)#ip route 0.0.0.0 0.0.0.0 serial 1/3
RG(config)#ip route 10.0.0.0 255.0.0.0 FastEthernet 1/0
```

步骤 2　定义访问列表。

```
RG(config)# access-list 10 permit 10.1.0.0 0.0.255.255
RG(config)# access-list 20 permit 10.2.0.0 0.0.255.255
```

步骤 3　配置路由映射表。

```
RG(config)#route-map ruijie permit 10
RG(config-route-map)#match ip address 10
RG(config-route-map)#set ip default next-hop 192.168.6.6

RG(config)#route-map ruijie permit 20
RG(config-route-map)#match ip address 20
RG(config-route-map)#set ip default next-hop 172.16.7.7

RG(config)#route-map ruijie permit 30
RG(config-route-map)#set interface Null 0
```

步骤 4　在接口上应用路由策略。

```
RG(config)# interface FastEthernet 1/0
RG(config-if)#ip policy route-map ruijie
```

步骤 5　验证测试。

在 HOST A 上用 ping 命令来测试路由映射。

```
C:\>ping  119.1.1.1
    Pinging 119.1.1.1 with 32 bytes of data:
    Reply from 119.1.1.1: bytes=32 time<1ms TTL=64
    Reply from 119.1.1.1: bytes=32 time<1ms TTL=64
    Reply from 119.1.1.1: bytes=32 time<1ms TTL=64
    Reply from 119.1.1.1: bytes=32 time<1ms TTL=64
    Ping statistics for 119.1.1.1:
         Packets: Sent = 4, Received = 4, Lost = 0 (0% loss),
       Approximate round trip times in milli-seconds:
```

```
      Minimum = 0ms, Maximum = 0ms, Average = 0ms

RG#sh route-map
route-map ruijie, permit, sequence 10
  Match clauses:
    ip address 10
  Set clauses:
    ip default next-hop 192.168.6.6
  Policy routing matches: 21 packets, 2304 bytes
route-map ruijie, permit, sequence 20
  Match clauses:
    ip address 20
  Set clauses:
    ip default next-hop 172.16.7.7
  Policy routing matches: 0 packets, 0 bytes
route-map ruijie, permit, sequence 30
  Match clauses:
  Set clauses:
    interface Null 0
  Policy routing matches: 0 packets, 0 bytes
```

在 HOST B 上用 ping 命令来测试路由映射。

```
C:\>ping  119.1.1.1
    Pinging 119.1.1.1 with 32 bytes of data:
    Reply from 119.1.1.1: bytes=32 time<1ms TTL=64
    Reply from 119.1.1.1: bytes=32 time<1ms TTL=64
    Reply from 119.1.1.1: bytes=32 time<1ms TTL=64
    Reply from 119.1.1.1: bytes=32 time<1ms TTL=64
    Ping statistics for 119.1.1.1:
       Packets: Sent = 4, Received = 4, Lost = 0 (0% loss),
    Approximate round trip times in milli-seconds:
       Minimum = 0ms, Maximum = 0ms, Average = 0ms
    RG#sh route-map
    route-map ruijie, permit, sequence 10
      Match clauses:
        ip address 10
      Set clauses:
        ip default next-hop 192.168.6.6
     Policy routing matches: 21 packets, 2304 bytes
    route-map ruijie, permit, sequence 20
      Match clauses:
        ip address 20
      Set clauses:
```

```
      ip default next-hop 172.16.7.7
    Policy routing matches: 9 packets, 576 bytes
  route-map ruijie, permit, sequence 30
    Match clauses:
    Set clauses:
      interface Null 0
    Policy routing matches: 0 packets, 0 bytes
```

把 HOST B 的 IP 地址修改为 10.3.1.1，用 ping 命令来测试路由映射。

```
C:\>ping  119.1.1.1
    Pinging 119.1.1.1 with 32 bytes of data:
    Pinging 17.1.1.1 with 32 bytes of data:
    Request timed out.
    Request timed out.
    Request timed out.
    Request timed out.
    RG#sh iroute-map
    route-map ruijie, permit, sequence 10
      Match clauses:
        ip address 10
      Set clauses:
        ip default next-hop 192.168.6.6
      Policy routing matches: 21 packets, 2304 bytes
    route-map ruijie, permit, sequence 20
      Match clauses:
        ip address 20
      Set clauses:
        ip default next-hop 172.16.7.7
      Policy routing matches: 9 packets, 576 bytes
    route-map ruijie, permit, sequence 30
      Match clauses:
      Set clauses:
        interface Null 0
      Policy routing matches: 27 packets, 1728 bytes
```

【备注事项】

无。

【参考配置】

```
RG#sh run

Building configuration...
Current configuration : 1008 bytes

!
```

```
version 8.51 (building 50)
hostname RG
!
route-map ruijie permit 10
 match ip address 10
 set ip default next-hop 192.168.6.6
!
route-map ruijie permit 20
 match ip address 20
 set ip default next-hop 172.16.7.7
!
route-map ruijie permit 30
 set interface Null 0
!
access-list 10 permit 10.1.0.0 0.0.255.255
access-list 20 permit 10.2.0.0 0.0.255.255
!
no service password-encryption
!
interface serial 1/2
 clock rate 64000
!
interface serial 1/3
 ip address 192.168.6.5 255.255.255.0
 clock rate 64000
!
interface FastEthernet 1/0
 ip policy route-map ruijie
 ip address 10.1.1.1 255.0.0.0
 duplex auto
speed auto
!
interface FastEthernet 1/1
 ip address 172.16.7.6 255.255.255.0
 duplex auto
 speed auto
!
interface Null 0
!
!
ip route 0.0.0.0 0.0.0.0 FastEthernet 1/1
ip route 0.0.0.0 0.0.0.0 serial 1/3
ip route 10.0.0.0 255.0.0.0 FastEthernet 1/0
!
!
line con 0
line aux 0
line vty 0 4
 login
!
!
end
```

实验 32　广域网协议的封装

【实验名称】

广域网协议的封装。

【实验目的】

掌握广域网协议的封装类型和封装方法。

【背景描述】

假设你是公司的网络管理员，两个分公司之间希望能够申请一条广域网专线进行连接。公司现有锐捷路由器两台，希望你了解该设备的广域网接口所支持的协议，以确定选择哪一种广域网链路。

【需求分析】

查看路由器广域网接口支持的数据链路层协议，并进行正确的封装。

【实验拓扑】

实验的拓扑图，如图 32-1 所示。

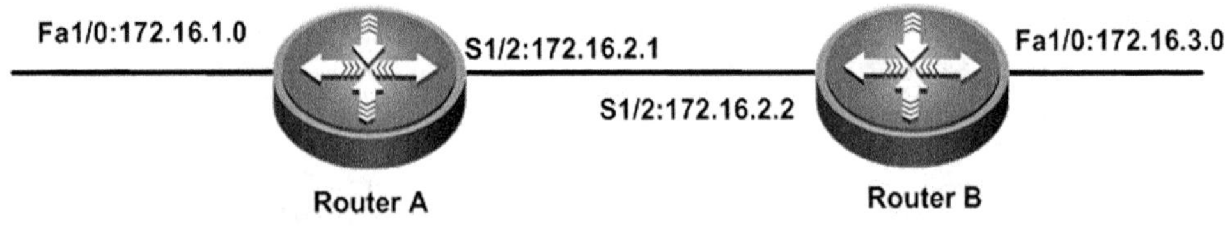

图 32-1

【预备知识】

路由器基本配置知识、广域网知识。

【实验设备】

路由器（软件版本为 RGNOS 10.1.00 及以上版本）2 台。

【实验原理】

常见的广域网专线技术有 DDN 专线、PSTN/ISDN 专线、帧中继专线、X.25 专线等。数据链路层提供各种专线技术的协议，主要有 PPP、HDLC、X.25、Frame-relay 及 ATM 等。

【实验步骤】

步骤 1　路由器基本配置。

```
Router A(config)#interface serial 4/0
Router A(config-if)#ip address 172.16.2.1 255.255.255.0

Router B(config)#interface serial 4/0
Router B(config-if)#ip address 172.16.2.2 255.255.255.0
```

步骤 2　封装 HDLC。

```
Router A(config)#interface serial 4/0
Router A(config-if)#encapsulation hdlc

Router B(config)#interface serial 4/0
Router B(config-if)#encapsulation hdlc
```

验证广域网接口的封装类型：

```
Router A#show interfaces serial 4/0
Index(dec):1 (hex):1
serial 4/0 is UP  , line protocol is UP
Hardware is Infineon DSCC4 PEB20534 H-10 serial
Interface address is: 172.16.2.2/24
  MTU 1500 bytes, BW 2000 Kbit
  Encapsulation protocol is HDLC, loopback not set
  Keepalive interval is 10 sec , set
  Carrier delay is 2 sec
  RXload is 1 ,Txload is 1
  Queueing strategy: WFQ
    11421118 carrier transitions
    V35 DTE cable
    DCD=up  DSR=up  DTR=up  RTS=up  CTS=up
  5 minutes input rate 17 bits/sec, 0 packets/sec
  5 minutes output rate 17 bits/sec, 0 packets/sec
    57 packets input, 1664 bytes, 0 no buffer, 0 dropped
    Received 52 broadcasts, 0 runts, 0 giants
    0 input errors, 0 CRC, 0 frame, 0 overrun, 0 abort
    68 packets output, 2726 bytes, 0 underruns , 0 dropped
    0 output errors, 0 collisions, 0 interface resets
```

注意，锐捷路由器广域网接口默认封装的就是 HDLC。

步骤 3　封装 PPP。

```
Router A#configure terminal
Enter configuration commands, one per line.  End with CNTL/Z.
Router A(config)#interface serial 4/0
Router A(config-if)#encapsulation ppp

Router B#configure terminal
Enter configuration commands, one per line.  End with CNTL/Z.
Router B(config)#interface serial 4/0
Router B(config-if)#encapsulation ppp
```

验证广域网接口的封装类型：

```
Router A#show interfaces serial 4/0
Index(dec):1 (hex):1
serial 4/0 is UP  , line protocol is UP
```

```
Hardware is Infineon DSCC4 PEB20534 H-10 serial
Interface address is: 172.16.2.1/24
  MTU 1500 bytes, BW 2000 Kbit
  Encapsulation protocol is PPP, loopback not set
  Keepalive interval is 10 sec , set
  Carrier delay is 2 sec
  RXload is 1 ,Txload is 1
  LCP Open
  Open: ipcp
  Queueing strategy: WFQ
    11421118 carrier transitions
    V35 DCE cable
    DCD=up  DSR=up  DTR=up  RTS=up  CTS=up
  5 minutes input rate 30 bits/sec, 0 packets/sec
  5 minutes output rate 19 bits/sec, 0 packets/sec
    123 packets input, 3638 bytes, 0 no buffer, 28 dropped
    Received 68 broadcasts, 0 runts, 0 giants
    0 input errors, 0 CRC, 0 frame, 0 overrun, 0 abort
    89 packets output, 2312 bytes, 0 underruns , 0 dropped
    0 output errors, 0 collisions, 7 interface resets
```

步骤 4　封装 X.25。

```
Rrouter A(config)#interface serial 4/0
Rrouter A(config-if)#encapsulation x25 dce ietf
Rrouter A(config-if)#x25 address 2222
Rrouter A(config-if)#x25 map ip 172.16.2.2 1111 broadcast
Rrouter A(config-if)#ip address 172.16.2.1 255.255.255.0
Rrouter A(config-if)#clock rate 64000

Rrouter B(config)#interface serial 4/0
Rrouter B(config-if)#encapsulation x25 dte ietf
Rrouter B(config-if)#x25 address 1111
Rrouter B(config-if)#x25 map ip 172.16.2.1 2222 broadcast
Rrouter B(config-if)#ip address 172.16.2.2 255.255.255.0
```

验证广域网接口的封装类型。

```
Router A#show interfaces serial 4/0
Index(dec):1 (hex):1
serial 4/0 is UP  , line protocol is UP
Hardware is Infineon DSCC4 PEB20534 H-10 serial
Interface address is: 172.16.2.1/24
  MTU 1500 bytes, BW 2000 Kbit
  Encapsulation protocol is X.25, loopback not set
  Keepalive interval is no set
```

```
Carrier delay is 2 sec
RXload is 1 ,Txload is 1
LAPB DCE, modulo 8, k 7, N1 12056, N2 20
    T1 3000, interface outage (partial T3) 0, T4 0
    State CONNECT, VS 6, VR 6, Remote VR 6, Retransmissions 0
    Queues: U/S frames 0, I frames 0, unack. 0, reTx 0
    IFRAMEs 23/23 RNRs 0/0 REJs 0/0 SABM/Es 1/1 FRMRs 0/0 DISCs 0/0
X25 DCE, address 2222, state R1, modulo 8
    Defaults: IETF encapsulation, idle 0, nvc 3
      Input/output window sizes 2/2, packet sizes 128/128
    Timers: T10 60, T11 180, T12 60, T13 60, TH 0
    Channels: Incoming-only none, Two-way 1-1024, Outgoing-only none
    RESTARTs 2/2 CALLs 1+0/0+0/0+0 DIAGs 0/0
Queueing strategy: FIFO
  Output queue 0/40, 0 drops;
  Input queue 0/75, 0 drops
  11421156 carrier transitions
  V35 DCE cable
  DCD=up  DSR=up  DTR=up  RTS=up  CTS=up
5 minutes input rate 0 bits/sec, 0 packets/sec
5 minutes output rate 0 bits/sec, 0 packets/sec
  192 packets input, 6187 bytes, 0 no buffer, 28 dropped
  Received 68 broadcasts, 0 runts, 0 giants
  0 input errors, 0 CRC, 0 frame, 0 overrun, 0 abort
  159 packets output, 4751 bytes, 0 underruns , 5 dropped
  0 output errors, 0 collisions, 9 interface resets
```

【注意事项】

封装广域网协议时，要求 V.35 线缆的两个端口封装协议一致，否则无法建立链路。

【参考配置】

实验 33 PPP PAP 认证

【实验名称】

PPP PAP 认证。

【实验目的】

掌握 PPP PAP 认证的过程及配置。

【背景描述】

假设你是公司的网络管理员，公司为了满足不断增长的业务需求，申请了专线接入，你的客户端路由器与 ISP 进行链路协商时要验证身份，因此需要配置路由器以保证链路建立，并考虑其安全性。

【需求分析】

在链路协商时要保证安全验证。在链路协商时，用户名、密码以明文的方式传输。

【实验拓扑】

实验的拓扑图，如图 33-1 所示。

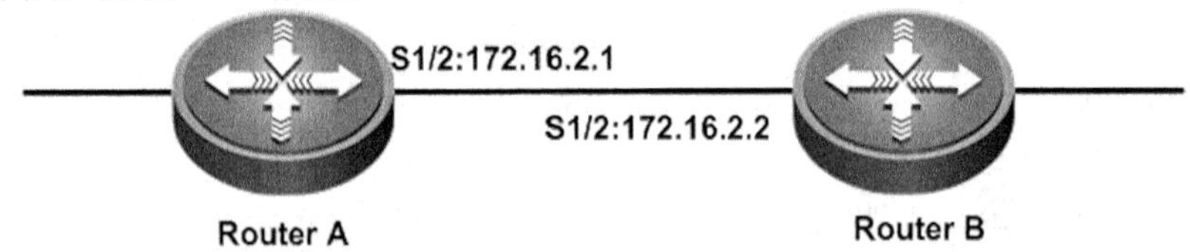

图 33-1

【预备知识】

路由器基本配置知识、PPP PAP 知识。

【实验设备】

路由器（带串口）（软件版本为 RGNOS 10.1.00 及以上版本）2 台。

V.35 线缆（DTE/DCE）1 对。

【实验原理】

PPP 协议位于 OSI 七层模型的数据链路层，PPP 协议按照功能划分为两个子层：LCP、NCP。LCP 主要负责链路的协商、建立、回拨、认证、数据的压缩、多链路捆绑等功能。NCP 主要负责和上层的协议进行协商，为网络层协议提供服务。

PPP 的认证功能是指在建立 PPP 链路的过程中进行密码的验证，若验证通过就建立连接，若验证不通过则拆除链路。

PPP 协议支持两种认证方式 PAP 和 CHAP。PAP（Password Authentication Protocol，密码验证协议）是指验证双方通过两次握手完成验证过程，它是一种用于对试图登录到点对点协议服务器上的用户进行身份验证的方法。由被验证方主动发出验证请求，包含了验证的用户名和密码。由验证方验证后做出回复：通过验证或验证失败。在验证过程中，用户名和密码以明文的方式在链路上传输。

【实验步骤】

步骤 1　路由器基本配置。

```
Router(config)#hostname Router A
Router A(config)#interface serial 4/0
Router A(config-if)#ip address 172.16.2.1 255.255.255.0
Router A(config-if)# encapsulation ppp

Router(config)#hostname Router B
Router B(config)#interface serial 4/0
Router B(config-if)#ip address 172.16.2.2 255.255.255.0
Router B(config-if)#encapsulation ppp
```

步骤 2　配置 PAP 认证。

```
Router A(config)#interface serial 4/0
Router A(config-if)#ppp pap sent-username RouterA password 0 123

Router B(config)#username RouterA password 123
Router B(config)#interface serial 4/0
Router B(config-if)#ppp authentication pap
```

步骤 3　验证 PAP 认证。

```
Router A#show interfaces serial 4/0
Index(dec):1 (hex):1
serial 4/0 is UP , line protocol is UP
Hardware is Infineon DSCC4 PEB20534 H-10 serial
Interface address is: 172.16.2.1/24
  MTU 1500 bytes, BW 2000 Kbit
  Encapsulation protocol is PPP, loopback not set
  Keepalive interval is 10 sec , set
  Carrier delay is 2 sec
  RXload is 1 ,Txload is 1
  LCP Open
  Open: ipcp
  Queueing strategy: WFQ
    11421118 carrier transitions
    V35 DCE cable
    DCD=up  DSR=up  DTR=up  RTS=up  CTS=up
  5 minutes input rate 54 bits/sec, 0 packets/sec
  5 minutes output rate 46 bits/sec, 0 packets/sec
    677 packets input, 14796 bytes, 0 no buffer, 28 dropped
    Received 68 broadcasts, 0 runts, 0 giants
    0 input errors, 0 CRC, 0 frame, 0 overrun, 0 abort
```

```
   655 packets output, 11719 bytes, 0 underruns , 5 dropped
   0 output errors, 0 collisions, 18 interface resets
```

使用 debug ppp authentication 命令验证配置。

```
Router B#debug ppp authentication
Router B#conf t
Enter configuration commands, one per line.  End with CNTL/Z.
Router B(config)#interface serial 4/0
Router B(config-if)#shutdown
Router B(config-if)#Sep  1 23:33:37 RouterB %7:%LINK CHANGED: Interface serial
4/0, changed state to administratively down
Sep  1 23:33:37 RouterB %7:%LINE PROTOCOL CHANGE: Interface serial 4/0, changed
state to DOWN
Router B(config-if)#no shutdown
Router B(config-if)#Sep  1 23:33:43 RouterB %7:PPP: ppp_clear_author(), protocol = LCP
Sep  1 23:33:43 RouterB %7:%LINK CHANGED: Interface serial 4/0, changed state to up
Sep  1 23:33:45 RouterB %7:PPP: serial 4/0 [I] PAP-REQ id 2 len 12
Sep  1 23:33:45 RouterB %7:PPP: Authenticating peer serial 4/0
Sep  1 23:33:45 RouterB %7:PPP: serial 4/0 PAP authentication OK!
Sep  1 23:33:45 RouterB %7:PPP: serial 4/0 [O] PAP SUCCESS id 2 len 1
Sep  1 23:33:45 RouterB %7::PPP: serial 4/0 authentication OK, begin networkphase!
Sep  1 23:33:45 RouterB %7:PPP: ppp_clear_author(), protocol = IPCP
Sep  1 23:33:46 RouterB %7:%LINE PROTOCOL CHANGE: Interface serial 4/0, changed
state to UP
```

【注意事项】

封装广域网协议时，要求 V.35 线缆的两个端口封装协议一致，否则无法建立链路。

【参考配置】

```
Router A#show running-config

Building configuration...
Current configuration : 593 bytes
!
version RGNOS 10.1.00(4), Release(18443)(Tue Jul 17 21:16:17 CST 2007 -ubu1server)
hostname Router A
!
interface serial 4/0
 encapsulation PPP
 ppp pap sent-username RouterA password 7 001b7210
 ip address 172.16.2.1 255.255.255.0
 clock rate 64000
!
interface serial 4/1
 clock rate 64000
!
```

```
interface GigabitEthernet 0/0
 duplex auto
 speed auto
!
interface GigabitEthernet 0/1
 duplex auto
 speed auto
!
line con 0
line aux 0
line vty 0 4
 login
!
end
Router B#show running-config
Building configuration...
Current configuration : 580 bytes
!
version RGNOS 10.1.00(4), Release(18443)(Tue Jul 17 21:16:17 CST 2007 -ubulserver)
hostname Router B
!
username RouterA password 0 123
!
interface serial 4/0
 encapsulation PPP
 ppp authentication pap
 ip address 172.16.2.2 255.255.255.0
!
interface serial 4/1
 clock rate 64000
!
interface GigabitEthernet 0/0
 duplex auto
 speed auto
!
interface GigabitEthernet 0/1
 duplex auto
 speed auto
!
line con 0
line aux 0
line vty 0 4
 login
!
end
```

实验 34　PPP CHAP 认证

【实验名称】

PPP CHAP 认证。

【实验目的】

掌握 PPP CHAP 认证的过程及配置。

【背景描述】

假设你是公司的网络管理员，公司为了满足不断增长的业务需求，申请了专线接入，你的客户端路由器与 ISP 进行链路协商时要验证身份，因此需要配置路由器以保证链路建立，并考虑其安全性。

【需求分析】

在链路协商时保证安全验证。链路协商时 MD5 密文的方式传输。

【实验拓扑】

实验的拓扑图，如图 34-1 所示。

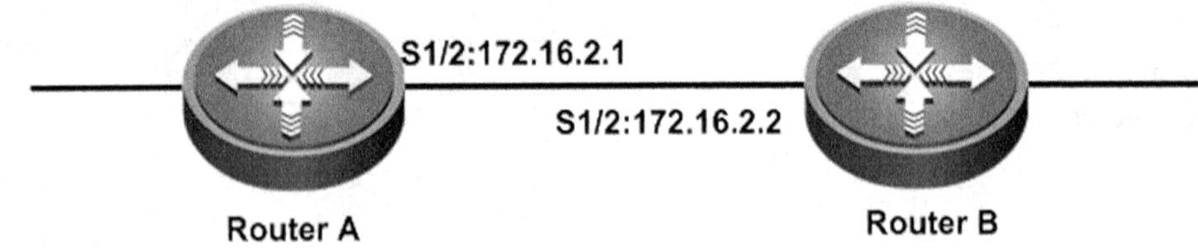

图 34-1

【预备知识】

路由器基本配置知识、PPP CHAP 知识。

【实验设备】

路由器（带串口）（软件版本为 RGNOS 10.1.00 及以上版本）2 台。

V.35 线缆（DTE/DCE）1 对。

【实验原理】

PPP 协议位于 OSI 七层模型的数据链路层，PPP 协议按照功能划分为两个子层：LCP、NCP。LCP 主要负责链路的协商、建立、回拨、认证、数据的压缩、多链路捆绑等功能。NCP 主要负责和上层的协议进行协商，为网络层协议提供服务。

PPP 的认证功能是指在建立 PPP 链路的过程中进行密码的验证，若验证通过就建立连接，若验证不通过则拆除链路。

CHAP（Challenge Handshake Authentication Protocol，挑战式握手验证协议）是指验证双方通过三次握手完成验证过程，因此比 PAP 更安全。由验证方主动发出挑战报文，由被验证方应答。在整个验证过程中，链路上传递的信息都进行了加密处理。

【实验步骤】

步骤 1　路由器基本配置。

```
Router(config)#hostname Router A
Router A(config)#interface serial 4/0
Router A(config-if)#ip address 172.16.2.1 255.255.255.0
Router A(config-if)#encapsulation ppp

Router(config)#hostname Router B
Router B(config)#interface serial 4/0
Router B(config-if)#ip address 172.16.2.2 255.255.255.0
Router B(config-if)#encapsulation ppp
```

步骤 2　配置 CHAP 认证。

```
Router A(config)# username RouterB password 0 123

Router B(config)#username RouterA password 0123
Router B(config)#interface serial 4/0
Router B(config-if)#ppp authentication chap
```

步骤 3　验证 CHAP 认证。

```
Router A#show interfaces serial 4/0
Index(dec):1 (hex):1
serial 4/0 is UP  , line protocol is UP
Hardware is Infineon DSCC4 PEB20534 H-10 serial
Interface address is: 172.16.2.1/24
  MTU 1500 bytes, BW 2000 Kbit
  Encapsulation protocol is PPP, loopback not set
  Keepalive interval is 10 sec , set
  Carrier delay is 2 sec
  RXload is 1 ,Txload is 1
  LCP Open
  Open: ipcp
  Queueing strategy: WFQ
    11421118 carrier transitions
    V35 DCE cable
    DCD=up  DSR=up  DTR=up  RTS=up  CTS=up
  5 minutes input rate 45 bits/sec, 0 packets/sec
  5 minutes output rate 44 bits/sec, 0 packets/sec
    889 packets input, 18810 bytes, 0 no buffer, 28 dropped
    Received 68 broadcasts, 0 runts, 0 giants
    0 input errors, 0 CRC, 0 frame, 0 overrun, 0 abort
    848 packets output, 15203 bytes, 0 underruns , 5 dropped
    0 output errors, 0 collisions, 28 interface resets
```

使用 debug ppp authentication 命令验证配置。

```
Router A#debug ppp authentication
Router A#configure terminal
Enter configuration commands, one per line.  End with CNTL/Z.
Router A(config)#interface serial 4/0
Router A(config-if)#shutdown
Router A(config-if)#Aug  9 01:46:10 RouterA %7:%LINK CHANGED: Interface serial
4/0, changed state to administratively down
Aug  9 01:46:10 RouterA %7:%LINE PROTOCOL CHANGE: Interface serial 4/0, changed
state to DOWN
Router A(config-if)#no shutdown
Router A(config-if)#Aug  9 01:46:22 RouterA %7:PPP: ppp_clear_author(),
protocol = LCP
Aug  9 01:46:22 RouterA %7:%LINK CHANGED: Interface serial 4/0, changed state to up
RouterA(config-if)#Aug  9 01:46:38 RouterA %7:PPP: serial 4/0 [I] CHAP CHALLENGE
id 17 len 24
Aug  9 01:46:38 RouterA %7:PPP: serial 4/0 recv CHAP challenge from RouterB
Aug  9 01:46:38 RouterA %7:PPP: serial 4/0 Search Password in local.
Aug  9 01:46:38 RouterA %7:PPP: serial 4/0 [I] CHAP CHALLENGE id 18 len 24
Aug  9 01:46:38 RouterA %7:PPP: serial 4/0 recv CHAP challenge from RouterB
Aug  9 01:46:38 RouterA %7:PPP: serial 4/0 Search Password in local.
Aug  9 01:46:38 RouterA %7:PPP: serial 4/0 [I] CHAP SUCCESS id 18 len 0
Aug  9 01:46:38 RouterA %7::PPP: serial 4/0 authentication OK, begin network
phase!
Aug  9 01:46:38 RouterA %7:PPP: ppp_clear_author(), protocol = IPCP
Aug  9 01:46:39 RouterA %7:%LINE PROTOCOL CHANGE: Interface serial 4/0, changed
state to UP
```

【注意事项】

封装广域网协议时，要求 V.35 线缆的两个端口封装协议一致，否则无法建立链路。

【参考配置】

```
Router A#show running-config

Building configuration...
Current configuration : 574 bytes
!
version RGNOS 10.1.00(4), Release(18443)(Tue Jul 17 21:16:17 CST 2007
-ubu1server)
hostname Router A
!
username RouterB password 0 123
!
interface serial 4/0
 encapsulation PPP
 ip address 172.16.2.1 255.255.255.0
 clock rate 64000
```

```
!
interface serial 4/1
 clock rate 64000
!
interface GigabitEthernet 0/0
 duplex auto
 speed auto
!
interface GigabitEthernet 0/1
 duplex auto
 speed auto
!
line con 0
line aux 0
line vty 0 4
 login
!
end
```

Router B#show running-config

```
Building configuration...
Current configuration : 581 bytes
!
version RGNOS 10.1.00(4), Release(18443)(Tue Jul 17 21:16:17 CST 2007 -ubulserver)
```
hostname Router B

!

username RouterA password 0 123

```
!
interface serial 4/0
```
 encapsulation PPP

 ppp authentication chap

```
 ip address 172.16.2.2 255.255.255.0
!
interface serial 4/1
 clock rate 64000
!
interface GigabitEthernet 0/0
 duplex auto
 speed auto
!
interface GigabitEthernet 0/1
 duplex auto
 speed auto
!
line con 0
line aux 0
line vty 0 4
 login
!
end
```

实验 35　帧中继基本配置

【实验名称】

帧中继基本配置。

【实验目的】

掌握帧中继的工作原理及配置。

【背景描述】

假设你是公司的网络管理员，公司为了满足不断增长的业务需求，在全国各地成立了很多分公司，为了节省运营成本，需要申请帧中继线路。

【需求分析】

通过公用帧中继网络互联局域网，在这种方式下，路由器只能作为用户设备工作在帧中继的 DTE 方式，假设路由器 R1 的 DLCI 号为 16，路由器 R2 的 DLCI 号为 17。

【实验拓扑】

实验的拓扑图，如图 35-1 所示。

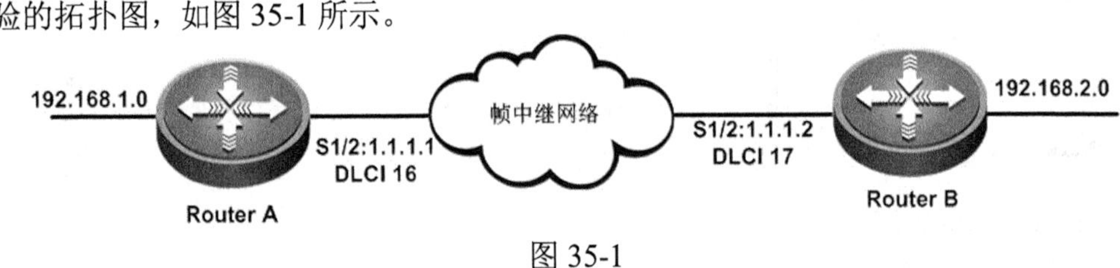

图 35-1

【预备知识】

路由器基本配置知识、帧中继知识。

【实验设备】

路由器（带串口）（软件版本为 RGNOS 10.1.00 及以上版本）2 台。

V.35 线缆（DTE/DCE）1 对。

【实验原理】

帧中继的标准可以为帧中继网络中可配置和管理的永久虚电路（PVC）进行编址，帧中继永久虚电路由数据链路连接标识符（DLCI）来标识。

当帧中继为多个逻辑数据会话提供多路复用时，ISP 的交换设备首先要建立一个表，该表用来将不同的 DLCI 值映射到出站端口，其次，当接收到一个数据帧时，交换设备分析其连接标识符，并将该数据帧发送到相应的端口。最后，在第一个数据帧发送之前，将建立一条通往目的地的完全路径。

【实验步骤】

步骤 1　路由器基本配置。

```
Router A(config)#interface serial 4/0
```

```
Router A(config-if)#ip address 1.1.1.1 255.255.255.0
Router A(config-if)#exit
Router A(config)#interface Fast Ethernet 1/0
Router A(config-if)#ip address 192.168.1.1 255.255.255.0
Router A(config-if)#exit

Router B(config)#interface serial 4/0
Router B(config-if)#ip address 1.1.1.2 255.255.255.0
Router B(config-if)#exit
Router B(config)#interface Fast Ethernet 1/0
Router B(config-if)#ip address 192.168.2.1 255.255.255.0
Router B(config-if)#exit
```

步骤 2 配置帧中继。

```
Router A(config)#interface serial 4/0
Router A(config-if)# encapsulation frame-relay ietf
Router A(config-if)# frame-relay map ip 1.1.1.2 16
Router A(config-if)# frame-relay lmi-type ansi

Router B(config)#interface serial 4/0
Router B(config-if)# encapsulation frame-relay ietf
Router B(config-if)# frame-relay map ip 1.1.1.1 17
Router B(config-if)# frame-relay lmi-type ansi
```

步骤 3 验证帧中继配置。

```
Router B#show frame-relay pvc
PVC Statistics for interface Serial1/0 (Frame Relay DTE)

            Active     Inactive      Deleted       Static
 Local         1          0            0             0
 Switched      0          0            0             0
 Unused        0          0            0             0

DLCI = 17, DLCI USAGE = LOCAL, PVC STATUS = ACTIVE, INTERFACE = Serial1/0

 input pkts 5            output pkts 5           in bytes 520
 out bytes 520           dropped pkts 0          in pkts dropped 0
 out pkts dropped 0               out bytes dropped 0
 in FECN pkts 0          in BECN pkts 0          out FECN pkts 0
 out BECN pkts 0         in DE pkts 0            out DE pkts 0
 out bcast pkts 0        out bcast bytes 0
 5 minute input rate 0 bits/sec, 0 packets/sec
 5 minute output rate 0 bits/sec, 0 packets/sec
 pvc create time 00:01:14, last time pvc status changed 00:00:48

RouterB#show frame-relay map
```

```
Serial1/0 (up): ip 1.1.1.1 dlci 17(0x11,0x410), static,
               broadcast,
               IETF, status defined, active

Router B#show frame-relay lmi
LMI Statistics for interface Serial1/0 (Frame Relay DTE) LMI TYPE = ANSI
  Invalid Unnumbered info 0            Invalid Prot Disc 0
  Invalid dummy Call Ref 0             Invalid Msg Type 0
  Invalid Status Message 0             Invalid Lock Shift 0
  Invalid Information ID 0             Invalid Report IE Len 0
  Invalid Report Request 0             Invalid Keep IE Len 0
  Num Status Enq. Sent 13              Num Status msgs Rcvd 13
  Num Update Status Rcvd 0             Num Status Timeouts 0
  Last Full Status Req 00:00:05        Last Full Status Rcvd 00:00:05
```

【注意事项】

封装广域网协议时，要求V.35线缆的两个端口封装协议一致，否则无法建立链路。

【参考配置】

```
Router A#show running-config
Building configuration...
Current configuration : 574 bytes
!
version RGNOS 10.1.00(4), Release(18443)(Tue Jul 17 21:16:17 CST 2007 -ubulserver)
hostname Router A
!
interface serial 4/0
 encapsulation frame-relay ietf
frame-relay map ip 1.1.1.2 16
 ip address 1.1.1.1 255.255.255.0
 clock rate 64000
!
interface serial 4/1
 clock rate 64000
!
interface GigabitEthernet 0/0
 duplex auto
 speed auto
!
interface FastEthernet 1/0
ip address 192.168.1.1 255.255.255.0
 duplex auto
 speed auto
```

```
!
line con 0
line aux 0
line vty 0 4
 login
!
end
```

Router B#show running-config

```
Building configuration...
Current configuration : 581 bytes
!
version RGNOS 10.1.00(4), Release(18443)(Tue Jul 17 21:16:17 CST 2007
-ubulserver)
hostname Router B
!
interface serial 4/0
 encapsulation frame-relay ietf
frame-relay map ip 1.1.1.1 17
 ip address 1.1.1.2 255.255.255.0
 clock rate 64000
!
interface serial 4/1
 clock rate 64000
!
interface GigabitEthernet 0/0
 duplex auto
 speed auto
!
interface FastEthernet 1/0
ip address 192.168.2.1 255.255.255.0
 duplex auto
 speed auto
!
line con 0
line aux 0
line vty 0 4
 login
!
end
```

实验 36　帧中继交换机配置

【实验名称】

帧中继交换机配置。

【实验目的】

掌握帧中继交换机工作原理及配置。

【背景描述】

假设你是公司的网络管理员，需要使用帧中继线路，但是你对帧中继并不了解，所以你来学习帧中继，但是由于帧中继交换机很昂贵，所以你只能用路由器来模拟帧中继交换机。

【需求分析】

利用路由器来配置帧中继交换机，在帧中继环境下，路由器 RA 的 DLCI 号为 16、17，路由器 RB 的 DLCI 为 26、27，路由器 RC 的 DLCI 号为 36、37。

【实验拓扑】

实验的拓扑图，如图 36-1 所示。

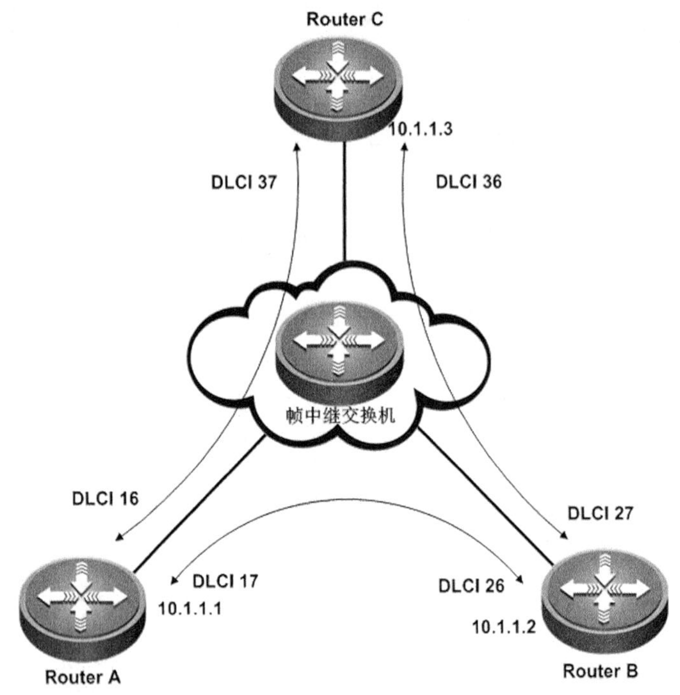

图 36-1

【预备知识】

路由器基本配置知识、帧中继知识。

【实验设备】

路由器（带串口）（软件版本为 RGNOS 10.1.00 及以上版本）4 台。

V.35 线缆（DTE/DCE）3 条。

【实验原理】

帧中继的标准可以为帧中继网络中可配置和管理的永久虚电路（PVC）进行编址，帧中继永久虚电路由数据链路连接标识符（DLCI）来标识。

当帧中继为多个逻辑数据会话提供多路复用时，ISP 的交换设备首先要建立一个表，该表用来将不同的 DLCI 值映射到出站端口，其次，当接收到一个数据帧时，交换设备分析其连接标识符，并将该数据帧发送到相应的端口。最后，在第一个数据帧发送之前，将建立一条通往目的地的完全路径。

【实验步骤】

步骤 1　配置帧中继交换机。

```
FR(config)# frame-relay switching
FR(config)# interface Serial0/0
FR(config-if)#no ip address
FR(config-if)#encapsulation frame-relay IETF
FR(config-if)#frame-relay lmi-type ansi
FR(config-if)#frame-relay intf-type dce
FR(config-if)#frame-relay route 16 interface Serial0/2 37
FR(config-if)#frame-relay route 17 interface Serial0/1 26

FR(config)#interface Serial0/1
FR(config-if)#no ip address
FR(config-if)#encapsulation frame-relay IETF
FR(config-if)#frame-relay lmi-type ansi
FR(config-if)#frame-relay intf-type dce
FR(config-if)#frame-relay route 26 interface Serial0/0 17
FR(config-if)#frame-relay route 27 interface Serial0/2 36
FR(config)#interface Serial0/2

FR(config-if)#no ip address
FR(config-if)#encapsulation frame-relay IETF
FR(config-if)#frame-relay lmi-type ansi
FR(config-if)#frame-relay intf-type dce
FR(config-if)#frame-relay route 36 interface Serial0/1 27
FR(config-if)#frame-relay route 37 interface Serial0/0 16
```

步骤 2　配置路由器。

```
Router A(config)# interface Serial0/0
Router A(config-if)#ip address 10.1.1.1 255.255.255.0
Router A(config-if)#encapsulation frame-relay IETF
Router A(config-if)#frame-relay interface-dlci 16
```

```
Router A(config-if)#frame-relay interface-dlci 17
Router A(config-if)#frame-relay lmi-type ansi

Router B(config)# interface Serial0/0
Router B(config-if)#ip address 10.1.1.2 255.255.255.0
Router B(config-if)#encapsulation frame-relay IETF
Router B(config-if)#frame-relay interface-dlci 26
Router B(config-if)#frame-relay interface-dlci 27
Router B(config-if)#frame-relay lmi-type ansi

Router C(config)# interface Serial0/0
Router C(config-if)# interface Serial0/0
Router C(config-if)#ip address 10.1.1.3 255.255.255.0
Router C(config-if)#encapsulation frame-relay IETF
Router C(config-if)#frame-relay interface-dlci 36
Router C(config-if)#frame-relay interface-dlci 37
Router C(config-if)#frame-relay lmi-type ansi
```

步骤 3　验证帧中继交换机配置。

```
FR#show frame-relay route
Input Intf      Input Dlci      Output Intf     Output Dlci     Status
Serial0/0       16              Serial0/2       37              active
Serial0/0       17              Serial0/1       26              active
Serial0/1       26              Serial0/0       17              active
Serial0/1       27              Serial0/2       36              active
Serial0/2       36              Serial0/1       27              active
Serial0/2       37              Serial0/0       16              active
FR#show frame-relay pvc
PVC Statistics for interface Serial0/0 (Frame Relay DCE)

              Active     Inactive      Deleted       Static
  Local          0           0            0             0
  Switched       2           0            0             0
  Unused         0           0            0             0

DLCI = 16, DLCI USAGE = SWITCHED, PVC STATUS = ACTIVE, INTERFACE = Serial0/0

  input pkts 23           output pkts 22           in bytes 2170
  out bytes 2140          dropped pkts 0           in pkts dropped 0
  out pkts dropped 0               out bytes dropped 0
  in FECN pkts 0          in BECN pkts 0           out FECN pkts 0
  out BECN pkts 0         in DE pkts 0             out DE pkts 0
  out bcast pkts 0        out bcast bytes 0
  30 second input rate 0 bits/sec, 0 packets/sec
  30 second output rate 0 bits/sec, 0 packets/sec
```

```
  switched pkts 23
  Detailed packet drop counters:
  no out intf 0          out intf down 0          no out PVC 0
  in PVC down 0          out PVC down 0           pkt too big 0
  shaping Q full 0       pkt above DE 0           policing drop 0
  pvc create time 00:21:46, last time pvc status changed 00:15:05
```

DLCI = 17, DLCI USAGE = SWITCHED, PVC STATUS = ACTIVE, INTERFACE = Serial0/0

```
  input pkts 13          output pkts 12           in bytes 1130
  out bytes 1100         dropped pkts 0           in pkts dropped 0
  out pkts dropped 0             out bytes dropped 0
  in FECN pkts 0         in BECN pkts 0           out FECN pkts 0
  out BECN pkts 0        in DE pkts 0             out DE pkts 0
  out bcast pkts 0       out bcast bytes 0
  30 second input rate 0 bits/sec, 0 packets/sec
  30 second output rate 0 bits/sec, 0 packets/sec
  switched pkts 13
  Detailed packet drop counters:
  no out intf 0          out intf down 0          no out PVC 0
  in PVC down 0          out PVC down 0           pkt too big 0
  shaping Q full 0       pkt above DE 0           policing drop 0
  pvc create time 00:21:33, last time pvc status changed 00:09:06

PVC Statistics for interface Serial0/1 (Frame Relay DCE)

            Active     Inactive     Deleted      Static
  Local        0          0            0            0
  Switched     2          0            0            0
  Unused       0          0            0            0
```

DLCI = 26, DLCI USAGE = SWITCHED, PVC STATUS = ACTIVE, INTERFACE = Serial0/1

```
  input pkts 12          output pkts 13           in bytes 1100
  out bytes 1130         dropped pkts 0           in pkts dropped 0
  out pkts dropped 0      out bytes dropped 0
  in FECN pkts 0         in BECN pkts 0           out FECN pkts 0
  out BECN pkts 0        in DE pkts 0             out DE pkts 0
  out bcast pkts 0       out bcast bytes 0
  30 second input rate 0 bits/sec, 0 packets/sec
  30 second output rate 0 bits/sec, 0 packets/sec
  switched pkts 12
  Detailed packet drop counters:
```

```
  no out intf 0            out intf down 0          no out PVC 0
  in PVC down 0            out PVC down 0           pkt too big 0
  shaping Q full 0         pkt above DE 0           policing drop 0
  pvc create time 00:20:25, last time pvc status changed 00:10:06

DLCI = 27, DLCI USAGE = SWITCHED, PVC STATUS = ACTIVE, INTERFACE = Serial0/1

  input pkts 12            output pkts 13           in bytes 1100
  out bytes 1130           dropped pkts 0           in pkts dropped 0
  out pkts dropped 0                out bytes dropped 0
  in FECN pkts 0           in BECN pkts 0           out FECN pkts 0
  out BECN pkts 0          in DE pkts 0             out DE pkts 0
  out bcast pkts 0         out bcast bytes 0
  30 second input rate 0 bits/sec, 0 packets/sec
  30 second output rate 0 bits/sec, 0 packets/sec
  switched pkts 12
  Detailed packet drop counters:
  no out intf 0            out intf down 0          no out PVC 0
  in PVC down 0            out PVC down 0           pkt too big 0
  shaping Q full 0         pkt above DE 0           policing drop 0
  pvc create time 00:20:03, last time pvc status changed 00:10:06

PVC Statistics for interface Serial0/2 (Frame Relay DCE)

              Active     Inactive     Deleted     Static
  Local          0          0            0           0
  Switched       2          0            0           0
  Unused         0          0            0           0

DLCI = 36, DLCI USAGE = SWITCHED, PVC STATUS = ACTIVE, INTERFACE = Serial0/2

  input pkts 13            output pkts 12           in bytes 1130
  out bytes 1100           dropped pkts 0           in pkts dropped 0
  out pkts dropped 0                out bytes dropped 0
  in FECN pkts 0           in BECN pkts 0           out FECN pkts 0
  out BECN pkts 0          in DE pkts 0             out DE pkts 0
  out bcast pkts 0         out bcast bytes 0
  30 second input rate 0 bits/sec, 0 packets/sec
  30 second output rate 0 bits/sec, 0 packets/sec
  switched pkts 13
  Detailed packet drop counters:
  no out intf 0            out intf down 0          no out PVC 0
  in PVC down 0            out PVC down 0           pkt too big 0
```

```
  shaping Q full 0        pkt above DE 0          policing drop 0
  pvc create time 00:19:19, last time pvc status changed 00:09:09

DLCI = 37, DLCI USAGE = SWITCHED, PVC STATUS = ACTIVE, INTERFACE = Serial0/2

  input pkts 22           output pkts 23          in bytes 2140
  out bytes 2170          dropped pkts 0          in pkts dropped 0
  out pkts dropped 0               out bytes dropped 0
  in FECN pkts 0          in BECN pkts 0          out FECN pkts 0
  out BECN pkts 0         in DE pkts 0            out DE pkts 0
  out bcast pkts 0        out bcast bytes 0
  30 second input rate 0 bits/sec, 0 packets/sec
  30 second output rate 0 bits/sec, 0 packets/sec
  switched pkts 22
  Detailed packet drop counters:
  no out intf 0           out intf down 0         no out PVC 0
  in PVC down 0           out PVC down 0          pkt too big 0
  shaping Q full 0        pkt above DE 0          policing drop 0
  pvc create time 00:19:04, last time pvc status changed 00:15:22

FR#show frame-relay lmi

LMI Statistics for interface Serial0/0 (Frame Relay DCE) LMI TYPE = ANSI
  Invalid Unnumbered info 0             Invalid Prot Disc 0
  Invalid dummy Call Ref 0              Invalid Msg Type 0
  Invalid Status Message 0              Invalid Lock Shift 0
  Invalid Information ID 0              Invalid Report IE Len 0
  Invalid Report Request 0              Invalid Keep IE Len 0
  Num Status Enq. Rcvd 114              Num Status msgs Sent 114
  Num Update Status Sent 0              Num St Enq. Timeouts 18

LMI Statistics for interface Serial0/1 (Frame Relay DCE) LMI TYPE = ANSI
  Invalid Unnumbered info 0             Invalid Prot Disc 0
  Invalid dummy Call Ref 0              Invalid Msg Type 0
  Invalid Status Message 0              Invalid Lock Shift 0
  Invalid Information ID 0              Invalid Report IE Len 0
  Invalid Report Request 0              Invalid Keep IE Len 0
  Num Status Enq. Rcvd 67               Num Status msgs Sent 67
  Num Update Status Sent 0              Num St Enq. Timeouts 1

LMI Statistics for interface Serial0/2 (Frame Relay DCE) LMI TYPE = ANSI
  Invalid Unnumbered info 0             Invalid Prot Disc 0
  Invalid dummy Call Ref 0              Invalid Msg Type 0
```

```
Invalid Status Message 0            Invalid Lock Shift 0
Invalid Information ID 0            Invalid Report IE Len 0
Invalid Report Request 0            Invalid Keep IE Len 0
Num Status Enq. Rcvd 100            Num Status msgs Sent 100
Num Update Status Sent 0            Num St Enq. Timeouts 14

Router A#show frame-relay map
Serial0/0 (up): ip 10.1.1.2 dlci 17(0x11,0x410), dynamic,
             broadcast,
             IETF, status defined, active
Serial0/0 (up): ip 10.1.1.3 dlci 16(0x10,0x400), dynamic,
             broadcast,
             IETF, status defined, active
```

【注意事项】

封装广域网协议时，要求 V.35 线缆的两个端口封装协议一致，否则无法建立链路。

【参考配置】

```
FR#show running-config
Building configuration...
Current configuration : 574 bytes
!
version RGNOS 10.1.00(4), Release(18443)(Tue Jul 17 21:16:17 CST 2007 -ubulserver)
hostname FR
!
interface Serial0/0
 no ip address
 encapsulation frame-relay IETF
 serial restart-delay 0
 frame-relay lmi-type ansi
 frame-relay intf-type dce
 frame-relay route 16 interface Serial0/2 37
 frame-relay route 17 interface Serial0/1 26
!
interface Serial0/1
 no ip address
 encapsulation frame-relay IETF
 serial restart-delay 0
 frame-relay lmi-type ansi
 frame-relay intf-type dce
 frame-relay route 26 interface Serial0/0 17
 frame-relay route 27 interface Serial0/2 36
!
interface Serial0/2
 no ip address
```

```
 encapsulation frame-relay IETF
 serial restart-delay 0
 frame-relay lmi-type ansi
 frame-relay intf-type dce
 frame-relay route 36 interface Serial0/1 27
 frame-relay route 37 interface Serial0/0 16!
!
line con 0
line aux 0
line vty 0 4
 login
!
end

Router A#show running-config
Building configuration...
Current configuration : 581 bytes
!
version RGNOS 10.1.00(4), Release(18443)(Tue Jul 17 21:16:17 CST 2007 -ubulserver)
hostname Router A
!
interface Serial0/0
 ip address 10.1.1.1 255.255.255.0
 encapsulation frame-relay IETF
 serial restart-delay 0
 frame-relay interface-dlci 16
 frame-relay interface-dlci 17
 frame-relay lmi-type ansi!
interface GigabitEthernet 0/0
 duplex auto
 speed auto
!
interface FastEthernet 1/0
ip address 192.168.2.1 255.255.255.0
 duplex auto
 speed auto
!
line con 0
line aux 0
line vty 0 4
 login
!
end

Router B#show running-config
```

```
Building configuration...
Current configuration : 581 bytes
!
version RGNOS 10.1.00(4), Release(18443)(Tue Jul 17 21:16:17 CST 2007 -ubulserver)
hostname Router B
!
interface Serial0/0
 ip address 10.1.1.2 255.255.255.0
 encapsulation frame-relay IETF
 serial restart-delay 0
 frame-relay interface-dlci 26
 frame-relay interface-dlci 27
 frame-relay lmi-type ansi
!
line con 0
line aux 0
line vty 0 4
 login
!
end

Router C#show running-config
Building configuration...
Current configuration : 581 bytes
!
version RGNOS 10.1.00(4), Release(18443)(Tue Jul 17 21:16:17 CST 2007 -ubulserver)
hostname Router C
!
interface Serial0/0
 ip address 10.1.1.3 255.255.255.0
 encapsulation frame-relay IETF
 serial restart-delay 0
 frame-relay interface-dlci 36
 frame-relay interface-dlci 37
 frame-relay lmi-type ansi!
!
line con 0
line aux 0
line vty 0 4
 login
!
end
```

实验 37　IPSec VPN 简单配置

【实验名称】

IPSec VPN 简单配置。

【实验目的】

掌握 IPSec VPN 配置，此实验做为可选实验，加深对 VPN 的理解。

【背景描述】

假设你是公司的网络管理员，公司因业务的扩大，建立了一个分公司，因为公司的业务数据很重要，公司的总部与分公司传输数据时需要加密，采用 IPSec VPN 技术对数据进行加密。

【需求分析】

公司传输业务数据的子网为 10.1.1.0 和 10.1.2.0，其他子网不要求加密。

【实验拓扑】

实验的拓扑图，如图 37-1 所示。

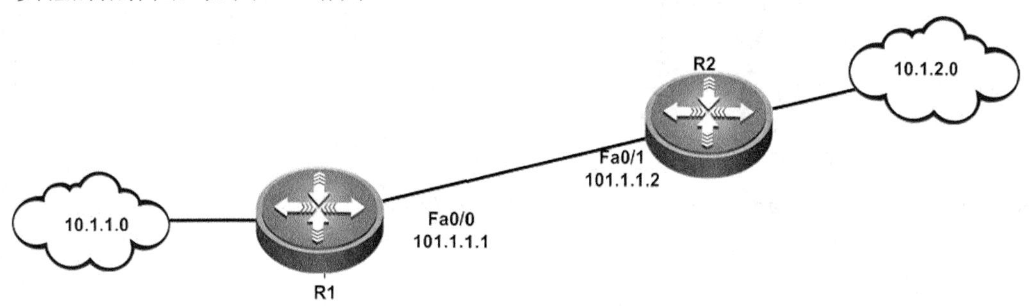

图 37-1

【预备知识】

路由器基本配置知识、IPSec 知识。

【实验设备】

路由器（软件版本为 RGNOS 10.1.00 及以上版本）2 台。

直连线或交叉线 2 条。

【实验原理】

VPN 可以连接两个终端系统，也可以连接多个网络，VPN 是使用隧道和加密技术来组建的，VPN 是一种 WAN 基础设施替代品，可用于替代或拓展现有的私有网络，在很多情况下，VPN 有很多优于传统 WAN 连接的地方，如费用低廉、易于安装、能够迅速增加带宽等。

VPN 提供了以下 3 种主要功能。

- 加密：通过网络传输分组之前，发送方可对其进行加密。这样，即使有人窃听，也无法读懂其中的信息。

- 数据完整性：接收方可检查数据在通过 internet 传输的过程中是否被修改。
- 来源验证：接收方可验证发送方的身份，确保信息来自正确的地方。

虚拟专用网是通过隧道方式在同一条标准 IP 连接上传输多种协议来实现的，RGNOG 支持的三种隧道化方法是通用路由选择封装（GRE）、第 2 层隧道协议（L2TP）和 IPSec。虚拟专用网支持保密性、完整性和身份验证，通过对数据流进行加密并使用 IPSec 协议，使得数据流通过公共基础设施传输时，其身份验证与私有网络中相同。

IPSec（ip security）协议族是 IETF 制定的一系列协议，它为 IP 数据报提供了高质量的、可互操作的、基于密码学的安全性。特定的通信方之间在 IP 层通过加密与数据源验证等方式，来保证数据报在网络上传输时的私有性、完整性、真实性和防重放。

- 私有性（confidentiality）指对用户数据进行加密保护，用密文的形式传送。
- 完整性（data integrity）指对接收的数据进行验证，以判定报文是否被篡改。
- 真实性（data authentication）指验证数据源，以保证数据来自真实的发送者。
- 防重放（anti-replay）指防止恶意用户通过重复发送捕获到的数据包所进行的攻击，即接收方会拒绝旧的或重复的数据包。

【实验步骤】

步骤 1　路由器基本配置。

```
R1 (config)#
R1 (config)#interface fastEthernet 0/0
R1 (config-if)#ip address 101.1.1.1 255.255.255.252
R1 (config-if)#no shutdown
R1 (config-if)#exit
R1 (config)#interface Loopback 0
R1 (config-if)#ip address 10.1.1.1 255.255.255.0
R1 (config-if)#no shutdown
R1 (config-if)#exit

R2 (config)#interface fastEthernet 0/0
R2 (config-if)#ip address101.1.1.2 255.255.255.252
R2 (config-if)#no shutdown
R2 (config-if)#exit
R2 (config)#interface Loopback 0
R2 (config-if)#ip address 10.1.2.1 255.255.255.0
R2 (config-if)#no sh
R2 (config-if)#end
```

步骤 2　配置默认路由。

```
R1 (config)#ip route 0.0.0.0 0.0.0.0 101.1.1.2
R2 (config)# ip route 0.0.0.0 0.0.0.0 101.1.1.1
```

步骤 3　配置 IPSec VPN。

```
R1 (config)# crypto isakmp policy 10
R1 (isakmp-policy)#authentication pre-share
R1 (isakmp-policy)#hash md5
```

```
R1 (isakmp-policy)#group 2
R1 (isakmp-policy)#exit
R1 (config)#crypto isakmp key 0 ruijie address 101.1.1.2
R1 (config)#crypto ipsec transform-set vpn  ah-md5-hmac esp-des esp-md5-hmac
R1 (cfg-crypto-trans)#mode tunel
R1 (config)#crypto map vpnmap 10 ipsec-isakmp
R1 (config-crypto-map)#set peer 101.1.1.2
R1 (config-crypto-map)#set transform-set vpn
R1 (config-crypto-map)#match address 110
R1 (config)#crypto map vpnmap1 10 ipsec-isakmp

R2 (config)#crypto isakmp policy 10
R2 (isakmp-policy)#authentication pre-share
R2 (isakmp-policy)#hash md5
R2 (isakmp-policy)#group 2
R2 (config)#crypto isakmp key 0 ruijie address 101.1.1.2
R2 (config)#crypto ipsec transform-set vpn  ah-md5-hmac esp-des esp-md5-hmac
R2 (cfg-crypto-trans)#mode tunel
R2 (config)#crypto map vpnmap 10 ipsec-isakmp
R2 (config-crypto-map)# set peer 101.1.1.1
R2 (config-crypto-map)# set transform-set vpn
R2 (config-crypto-map)# match address 110
```

步骤 4　定义感兴趣数据流及应用 VPN。

```
R1 (config)#access-list extended 110 permit ip 10.1.1.0 0.0.0.255 10.1.2.0
0.0.0.255
R1 (config)#interface FastEthernet 0/0
R1 (config-if)#crypto map vpnmap
R2 (config)#access-list extended 110 permit ip 10.1.2.0 0.0.0.255 10.1.1.0
0.0.0.255
R2 (config)#interface FastEthernet 0/0
R2 (config-if)#crypto map vpnmap
```

步骤 5　验证测试。

```
R1#ping
Protocol [ip]:
Target IP address: 10.1.2.1
Repeat count [5]:
Datagram size [100]:
Timeout in seconds [2]:
Extended commands [n]: y
Source address:10.1.1.1
Time to Live [1, 64]:
Type of service [0, 31]:
```

```
Data Pattern [0xABCD]:0xabcd
Sending 5, 100-byte ICMP Echoes to 10.1.2.1, timeout is 2 seconds:
  < press Ctrl+C to break >
.!!!!
Success rate is 80 percent (4/5), round-trip min/avg/max = 1/1/1 ms

R1#show crypto ipsec sa

Interface: FastEthernet 0/0
        Crypto map tag:vpnmap, local addr 101.1.1.1
        media mtu 1500

        ===================================
        item type:static, seqno:10, id=32
        local  ident (addr/mask/prot/port): (10.1.1.0/0.0.0.255/0/0))
        remote  ident (addr/mask/prot/port): (10.1.2.0/0.0.0.255/0/0))
        PERMIT
        #pkts encaps: 4, #pkts encrypt: 4, #pkts digest 8
        #pkts decaps: 4, #pkts decrypt: 4, #pkts verify 8
        #send errors 0, #recv errors 0

        Inbound esp sas:
             spi:0x36328b56 (909282134)
             transform: esp-des esp-md5-hmac
             in use settings={Tunnel,}
             crypto map vpnmap 10
             sa timing: remaining key lifetime (k/sec): (4606998/3594)
             IV size: 8 bytes
             Replay detection support:Y

        Inbound ah sas:
             spi:0x75aa844e (1974109262)
             transform: ah-null ah-md5-hmac
             in use settings={Tunnel,}
             crypto map vpnmap 10
             sa timing: remaining key lifetime (k/sec): (4606998/3594)
             IV size: 0 bytes
             Replay detection support:Y

        Outbound esp sas:
             spi:0x4c96e9f2 (1284958706)
             transform: esp-des esp-md5-hmac
             in use settings={Tunnel,}
```

```
        crypto map vpnmap 10
        sa timing: remaining key lifetime (k/sec): (4606998/3594)
        IV size: 8 bytes
        Replay detection support:Y
    Outbound ah sas:
        spi:0x2c25e472 (740680818)
        transform: ah-null ah-md5-hmac
        in use settings={Tunnel,}
        crypto map vpnmap 10
        sa timing: remaining key lifetime (k/sec): (4606998/3594)
        IV size: 0 bytes
        Replay detection support:Y

R1#show crypto isakmp sa
 destination    source       state          conn-id          lifetime(second)
 101.1.1.2      101.1.1.1    QM_IDLE        33               86317
  6c1ac77522d07d2b  e0062c53799fc5ec
```

【注意事项】

定义感兴趣数据流时，要使用扩展的访问控制列表。

【参考配置】

```
R1#show running-config

Building configuration...
Current configuration : 936 bytes
!
version RGNOS 10.1.00(4), Release(18443)(Tue Jul 17 20:50:30 CST 2007 -ubulserver)
hostname R1
!
ip access-list extended 110
 10 permit ip 10.1.1.0 0.0.0.255 10.1.2.0 0.0.0.255
!
crypto isakmp policy 10
 authentication pre-share
 hash md5
 group 2
!
crypto isakmp key 7 1100320c184308 address 101.1.1.2
crypto ipsec transform-set vpn   ah-md5-hmac esp-des esp-md5-hmac
crypto map vpnmap 10 ipsec-isakmp
 set peer 101.1.1.2
 set transform-set vpn
 match address 110
```

```
!
interface FastEthernet 0/0
 ip address 101.1.1.1 255.255.255.252
 crypto map vpnmap
 duplex auto
 speed auto
!
interface FastEthernet 0/1
 duplex auto
 speed auto
!
interface Loopback 0
 ip address 10.1.1.1 255.255.255.0
!
ip route  0.0.0.0 0.0.0.0  101.1.1.2
!
line con 0
line aux 0
line vty 0 4
 login
!
end
```

```
R2#show running-config

Building configuration...
Current configuration : 936 bytes
!
version RGNOS 10.1.00(4), Release(18443)(Tue Jul 17 20:50:30 CST 2007 -ubulserver)
hostname R2
!
ip access-list extended 110
 10 permit ip 10.1.2.0 0.0.0.255 10.1.1.0 0.0.0.255
!
crypto isakmp policy 10
 authentication pre-share
 hash md5
 group 2
!
crypto isakmp key 7 08113a1c182e00 address 101.1.1.1
crypto ipsec transform-set vpn  ah-md5-hmac esp-des esp-md5-hmac
crypto map vpnmap 10 ipsec-isakmp
 set peer 101.1.1.1
```

```
 set transform-set vpn
 match address 110
!
interface FastEthernet 0/0
 ip address 101.1.1.2 255.255.255.252
 crypto map vpnmap
 duplex auto
 speed auto
!
interface FastEthernet 0/1
 duplex auto
 speed auto
!
interface Loopback 0
 ip address 10.1.2.1 255.255.255.0
!
ip route  0.0.0.0 0.0.0.0  101.1.1.1
!
line con 0
line aux 0
line vty 0 4
 login
!
end
```

实验 38　Site To Site IPSec VPN 多站点配置

【实验名称】

Site To Site IPSec VPN 多站点配置。

【实验目的】

掌握 IPSec VPN 复杂配置，此实验做为可选实验，加深对 VPN 的理解。

【背景描述】

假设你是公司的网络管理员，公司有两个分公司，为了使用公司业务能安全运行，所以需要使用 IPSec VPN 功能保护数据。

【需求分析】

公司总部的内网与其两个分公司的内网进行安全通信，只允许子网 172.16.3.0 与子网 172.16.2.0、子网 172.16.3.0 与子网 172.16.1.0 进行安全通信。

【实验拓扑】

实验的拓扑图，如图 38-1 所示。

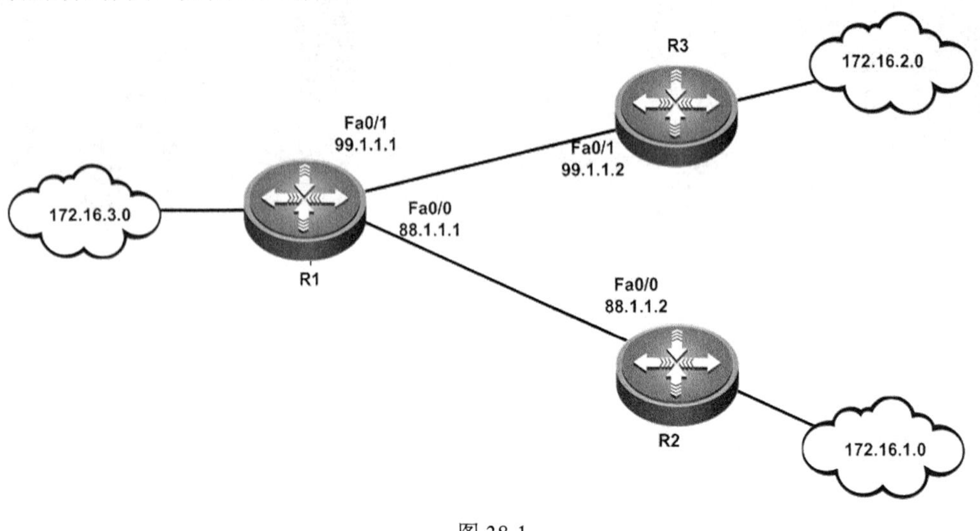

图 38-1

【预备知识】

路由器基本配置知识、IPSec VPN 知识。

【实验设备】

路由器（软件版本为 RGNOS 10.1.00 及以上版本）3 台。
直连线 2 条。

【实验原理】

VPN 可以连接两个终端系统，也可连接多个网络，VPN 是使用隧道和加密技术来组建的，

VPN 是一种 WAN 基础设施替代品，可用于替代或拓展现有的私有网络，在很多情况下，VPN 有很多优于传统 WAN 连接的地方，如费用低廉、易于安装、能够迅速增加带宽等。

VPN 提供了以下 3 种主要功能。

- 加密：通过网络传输分组之前，发送方可对其进行加密。这样，即使有人窃听，也无法读懂其中的信息。
- 数据完整性：接收方可检查数据在通过 internet 传输的过程中是否被修改。
- 来源验证：接收方可验证发送方的身份，确保信息来自正确的地方。

虚拟专用网是通过隧道方式在同一条标准 IP 连接上传输多种协议来实现的，RGNOG 支持的三种隧道化方法是通用路由选择封装（GRE）、第 2 层隧道协议（L2TP）和 IPSec。虚拟专用网支持保密性、完整性和身份验证，通过对数据流进行加密并使用 IPSec 协议，使得数据流通过公共基础设施传输时，其身份验证与私有网络中相同。

IPSec（ip security）协议族是 IETF 制定的一系列协议，它为 IP 数据报提供了高质量的、可互操作的、基于密码学的安全性。特定的通信方之间在 IP 层通过加密与数据源验证等方式，来保证数据报在网络上传输时的私有性、完整性、真实性和防重放。

- 私有性（confidentiality）指对用户数据进行加密保护，用密文的形式传送。
- 完整性（data integrity）指对接收的数据进行验证，以判定报文是否被篡改。
- 真实性（data authentication）指验证数据源，以保证数据来自真实的发送者。
- 防重放（anti-replay）指防止恶意用户通过重复发送捕获到的数据包所进行的攻击，即接收方会拒绝旧的或重复的数据包。

【实验步骤】

步骤 1　路由器基本配置。

```
R1 (config)# interface FastEthernet 0/0
R1 (config-if)#ip address 88.1.1.1 255.255.255.0
R1 (config)#interface FastEthernet 0/1
R1 (config-if)#ip address 99.1.1.1 255.255.255.0
R1 (config)#interface Loopback 0
R1 (config-if)#ip address 172.16.3.1 255.255.255.0

R2 (config)#interface FastEthernet 0/0
R2 (config-if)#ip address 88.1.1.2 255.255.255.0
R2 (config)#interface Loopback 0
R2 (config-if)#ip address 172.16.1.1 255.255.255.0
R3 (config)#interface FastEthernet 0/0
R3 (config-if)#ip address 99.1.1.2 255.255.255.0
R3 (config)#interface Loopback 0
R3 (config-if)#ip address 172.16.2.1 255.255.255.0
```

步骤 2　配置默认路由。

```
R1 (config)# ip route 172.16.1.0 255.255.255.0 88.1.1.2
R1 (config)#ip route 172.16.2.0 255.255.255.0 99.1.1.2

R2 (config)# ip route 0.0.0.0 0.0.0.0 88.1.1.1
```

```
R3 (config)#ip route 0.0.0.0 0.0.0.0 99.1.1.1
```

步骤 3　配置 IPSec VPN。

```
R1 (config)# crypto isakmp policy 10
R1 (isakmp-policy)#authentication pre-share
R1 (isakmp-policy)#hash md5
R1 (isakmp-policy)#group 2
R1 (isakmp-policy)#exit
R1 (config)#crypto isakmp policy 20
R1 (isakmp-policy)#authentication pre-share
R1 (isakmp-policy)#hash md5
R1 (isakmp-policy)#group 2
R1 (config)#crypto isakmp key 0 ruijie address 88.1.1.2
R1 (config)#crypto isakmp key 0ruijie1 address 99.1.1.2
R1 (config)#crypto ipsec transform-set vpn  ah-md5-hmac esp-des esp-md5-hmac
R1 (cfg-crypto-trans)#mode tunel
R1 (config)#crypto ipsec transform-set vpn1  ah-md5-hmac esp-des esp-md5-hmac
R1 (cfg-crypto-trans)#mode tunel
R1 (config)#crypto map vpnmap 10 ipsec-isakmp
R1 (config-crypto-map)#set peer 88.1.1.2
R1 (config-crypto-map)#set transform-set vpn
R1 (config-crypto-map)#match address 110
R1 (config)#crypto map vpnmap1 10 ipsec-isakmp
R1 (config-crypto-map)#set peer 99.1.1.2
R1 (config-crypto-map)#set transform-set vpn1
R1 (config-crypto-map)#match address 120

R2 (config)#crypto isakmp policy 10
R2 (isakmp-policy)#authentication pre-share
R2 (isakmp-policy)#hash md5
R2 (isakmp-policy)#group 2
R2 (config)#crypto isakmp key 0 ruijie address 88.1.1.1
R2 (config)#crypto ipsec transform-set vpn  ah-md5-hmac esp-des esp-md5-hmac
R2 (cfg-crypto-trans)#mode tunel
R2 (config)#crypto map vpnmap 10 ipsec-isakmp
R2 (config-crypto-map)# set peer 88.1.1.1
R2 (config-crypto-map)# set transform-set vpn
R2 (config-crypto-map)# match address 110

R3 (config)#crypto isakmp policy 10
R3 (isakmp-policy)#authentication pre-share
R3 (isakmp-policy)#hash md5
R3 (isakmp-policy)#group 2
```

```
R3 (config)#crypto isakmp key 0 ruijie1 address 99.1.1.1
R3 (config)#crypto ipsec transform-set vpn  ah-md5-hmac esp-des esp-md5-hmac
R3 (config)#crypto map vpnmap 10 ipsec-isakmp
R3 (config-crypto-map)#set peer 99.1.1.1
R3 (config-crypto-map)#set transform-set vpn
R3 (config-crypto-map)#match address 110
```

步骤 4　定义感兴趣数据流及应用 VPN。

```
R1 (config)#access-list extended 110 permit ip 172.16.3.0 0.0.0.255 172.16.1.0
0.0.0.255
R1 (config)#access-list extended 120 permit ip 172.16.3.0 0.0.0.255 172.16.2.0
0.0.0.255
R2 (config)#access-list extended 110 permit ip 172.16.1.0 0.0.0.255 172.16.3.0
0.0.0.255
R3 (config)#access-list extended 110 permit ip 172.16.2.0 0.0.0.255 172.16.3.0
0.0.0.255
R1 (config)#interface FastEthernet 0/0
R1 (config-if)#crypto map vpnmap
R1 (config)#interface FastEthernet 0/1
R1 (config-if)#crypto map vpnmap1
R2 (config)#interface FastEthernet 0/0
R2 (config-if)#crypto map vpnmap
R2 (config)#interface FastEthernet 0/0
R2 (config-if)#crypto map vpnmap
```

步骤 5　验证测试。

```
R1#ping
Protocol [ip]:
Target IP address: 172.16.1.1
Repeat count [5]:
Datagram size [100]:
Timeout in seconds [2]:
Extended commands [n]: y
Source address:172.16.3.1
Time to Live [1, 64]:
Type of service [0, 31]:
Data Pattern [0xABCD]:0xabcd
Sending 5, 100-byte ICMP Echoes to 172.16.1.1, timeout is 2 seconds:
  < press Ctrl+C to break >
!!!!!
Success rate is 100 percent (5/5), round-trip min/avg/max = 1/1/1 ms

R1#ping
Protocol [ip]:
```

```
Target IP address: 172.16.2.1
Repeat count [5]:
Datagram size [100]:
Timeout in seconds [2]:
Extended commands [n]: y
Source address:172.16.3.1
Time to Live [1, 64]:
Type of service [0, 31]:
Data Pattern [0xABCD]:0xabcd
Sending 5, 100-byte ICMP Echoes to 172.16.2.1, timeout is 2 seconds:
  < press Ctrl+C to break >
!!!!!
Success rate is 100 percent (5/5), round-trip min/avg/max = 1/2/10 ms

R1#sh crypto isakmp sa
 destination     source      state        conn-id         lifetime(second)
 99.1.1.2      99.1.1.1     QM_IDLE        35                 83451
  2168aff63d84cb12  247bd22980d82f86
 88.1.1.1      88.1.1.2     QM_IDLE        34                 82307
  b931a9219a128a02  ecdbcabaa9988776

R1#show crypto ipsec sa

Interface: FastEthernet 0/0
        Crypto map tag:vpnmap, local addr 88.1.1.1
        media mtu 1500

        ====================================
        item type:static, seqno:10, id=32
        local   ident (addr/mask/prot/port): (172.16.3.0/0.0.0.255/0/0))
        remote   ident (addr/mask/prot/port): (172.16.1.0/0.0.0.255/0/0))
        PERMIT
        #pkts encaps: 5, #pkts encrypt: 5, #pkts digest 10
        #pkts decaps: 5, #pkts decrypt: 5, #pkts verify 10
        #send errors 0, #recv errors 0

        Inbound esp sas:
             spi:0x5d695407 (1567183879)
             transform: esp-des esp-md5-hmac
             in use settings={Tunnel,}
             crypto map vpnmap 10
             sa timing: remaining key lifetime (k/sec): (4607998/3055)
             IV size: 8 bytes
```

```
     Replay detection support:Y

  Inbound ah sas:
     spi:0x277e6f95 (662597525)
     transform: ah-null ah-md5-hmac
     in use settings={Tunnel,}
     crypto map vpnmap 10
     sa timing: remaining key lifetime (k/sec): (4607998/3055)
     IV size: 0 bytes
     Replay detection support:Y

  Outbound esp sas:
     spi:0x5da485b6 (1571063222)
     transform: esp-des esp-md5-hmac
     in use settings={Tunnel,}
     crypto map vpnmap 10
     sa timing: remaining key lifetime (k/sec): (4607998/3055)
     IV size: 8 bytes
     Replay detection support:Y

  Outbound ah sas:
     spi:0x28ac7e09 (682393097)
     transform: ah-null ah-md5-hmac
     in use settings={Tunnel,}
     crypto map vpnmap 10
     sa timing: remaining key lifetime (k/sec): (4607998/3055)
     IV size: 0 bytes
     Replay detection support:Y

Interface: FastEthernet 0/1
  Crypto map tag:vpnmap1, local addr 99.1.1.1
  media mtu 1500

  ==================================
  item type:static, seqno:10, id=33
  local  ident (addr/mask/prot/port): (172.16.3.0/0.0.0.255/0/0))
  remote  ident (addr/mask/prot/port): (172.16.2.0/0.0.0.255/0/0))
  PERMIT
  #pkts encaps: 9, #pkts encrypt: 9, #pkts digest 18
  #pkts decaps: 9, #pkts decrypt: 9, #pkts verify 18
  #send errors 0, #recv errors 0
  Inbound esp sas:
```

```
        spi:0x79bce24c (2042421836)
        transform: esp-des esp-md5-hmac
        in use settings={Tunnel,}
        crypto map vpnmap1 10
        sa timing: remaining key lifetime (k/sec): (4606997/644)
        IV size: 8 bytes
        Replay detection support:Y

    Inbound ah sas:
        spi:0x7062e1ab (1885528491)
        transform: ah-null ah-md5-hmac
        in use settings={Tunnel,}
        crypto map vpnmap1 10
        sa timing: remaining key lifetime (k/sec): (4606997/644)
        IV size: 0 bytes
        Replay detection support:Y

    Outbound esp sas:
        spi:0x3cb60553 (1018561875)
        transform: esp-des esp-md5-hmac
        in use settings={Tunnel,}
        crypto map vpnmap1 10
        sa timing: remaining key lifetime (k/sec): (4606997/644)
        IV size: 8 bytes
        Replay detection support:Y

    Outbound ah sas:
        spi:0x333f4ba2 (859786146)
        transform: ah-null ah-md5-hmac
        in use settings={Tunnel,}
        crypto map vpnmap1 10
        sa timing: remaining key lifetime (k/sec): (4606997/644)
        IV size: 0 bytes
        Replay detection support:Y
```

【注意事项】

定义感兴趣数据流时，要使用扩展的访问控制列表。

【参考配置】

```
R1#show running-config

Building configuration...
Current configuration : 1446 bytes
```

```
!
version RGNOS 10.1.00(4), Release(18443)(Tue Jul 17 20:50:30 CST 2007 -ubulserver)
hostname R1
!
ip access-list extended 110
 10 permit ip 172.16.3.0 0.0.0.255 172.16.1.0 0.0.0.255
!
ip access-list extended 120
 10 permit ip 172.16.3.0 0.0.0.255 172.16.2.0 0.0.0.255
!
crypto isakmp policy 10
 authentication pre-share
 hash md5
 group 2
!
crypto isakmp policy 20
 authentication pre-share
 hash md5
 group 2
!
crypto isakmp key 7 072c16261f1b22 address 88.1.1.2
crypto isakmp key 7 1558182818222954 address 99.1.1.2
crypto ipsec transform-set vpn   ah-md5-hmac esp-des esp-md5-hmac
crypto ipsec transform-set vpn1   ah-md5-hmac esp-des esp-md5-hmac
crypto map vpnmap 10 ipsec-isakmp
 set peer 88.1.1.2
 set transform-set vpn
 match address 110
!
crypto map vpnmap1 10 ipsec-isakmp
 set peer 99.1.1.2
 set transform-set vpn1
 match address 120
!
interface FastEthernet 0/0
 ip address 88.1.1.1 255.255.255.0
 crypto map vpnmap
 duplex auto
 speed auto
!
interface FastEthernet 0/1
 ip address 99.1.1.1 255.255.255.0
```

```
crypto map vpnmap1
 duplex auto
 speed auto
!
interface Loopback 0
 ip address 172.16.3.1 255.255.255.0
!
ip route  172.16.1.0 255.255.255.0  88.1.1.2
ip route  172.16.2.0 255.255.255.0  99.1.1.2
!
line con 0
line aux 0
line vty 0 4
 login
!
end

R2#show running-config
Building configuration...
Current configuration : 936 bytes
!
version RGNOS 10.1.00(4), Release(18443)(Tue Jul 17 20:50:30 CST 2007 -ubu1server)
hostname R2
!
ip access-list extended 110
 10 permit ip 172.16.1.0 0.0.0.255 172.16.3.0 0.0.0.255
!
crypto isakmp policy 10
 authentication pre-share
 hash md5
 group 2
!
crypto isakmp key 7 035122110c3706 address 88.1.1.1
crypto ipsec transform-set vpn  ah-md5-hmac esp-des esp-md5-hmac
crypto map vpnmap 10 ipsec-isakmp
 set peer 88.1.1.1
 set transform-set vpn
 match address 110
!
interface FastEthernet 0/0
 ip address 88.1.1.2 255.255.255.0
 crypto map vpnmap
```

```
 duplex auto
 speed auto
!
interface FastEthernet 0/1
 duplex auto
 speed auto
!
interface Loopback 0
 ip address 172.16.1.1 255.255.255.0
!
ip route 0.0.0.0 0.0.0.0 88.1.1.1
!
line con 0
line aux 0
line vty 0 4
 login
!
end

R3#show running-config
Building configuration...
Current configuration : 938 bytes
!
version RGNOS 10.1.00(4), Release(18443)(Tue Jul 17 20:50:30 CST 2007 -ubu1server)
hostname R3
!
ip access-list extended 110
 10 permit ip 172.16.2.0 0.0.0.255 172.16.3.0 0.0.0.255
!
crypto isakmp policy 10
 authentication pre-share
 hash md5
 group 2
!
crypto isakmp key 7 1100320c18430870 address 99.1.1.1
crypto ipsec transform-set vpn  ah-md5-hmac esp-des esp-md5-hmac
crypto map vpnmap 10 ipsec isakmp
 set peer 99.1.1.1
 set transform-set vpn
 match address 110
!
interface FastEthernet 0/0
```

```
 ip address 99.1.1.2 255.255.255.0
 crypto map vpnmap
 duplex auto
 speed auto
!

interface FastEthernet 0/1
 duplex auto
 speed auto
!
interface Loopback 0
 ip address 172.16.2.1 255.255.255.0
!
ip route  0.0.0.0 0.0.0.0  99.1.1.1
!
line con 0
line aux 0
line vty 0 4
 login
!
end
```

锐捷职业认证体系

锐捷职业认证是IT领域的一项网络专业技能认证，拥有锐捷职业认证资格的专业人士将具有专业的网络知识和网络技能，并且能为雇佣他们的管理者、组织、企业带来巨大的价值和报酬。

锐捷认证体系包括通用技术认证和专项技术认证。通用技术认证包括网络工程方向及网络安全方向，专项技术认证包括 IPv6、存储、无线和 IP 通信方向。其中通用技术认证是目前国内外需求量最大，考取人数最多的认证。

一、锐捷职业认证体系概述

1. 通用技术认证

锐捷在通用技术认证中的网络工程方向提供了 5 个认证等级，它们所代表的专业水平逐级提升：网络管理员、网络工程师、调试工程师、资深网络工程师和互联网专家。

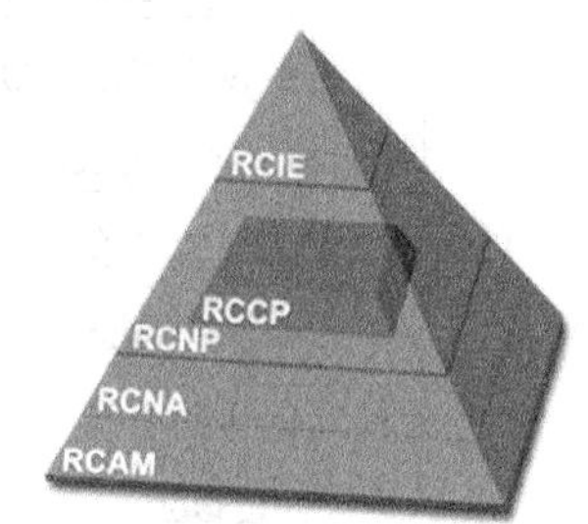

- ❑ **网络管理员（RCAM）**：锐捷职业认证的第一步首先从网络管理员级别开始，其代表网络技术的入门等级，适用于网络技术的初学者。
- ❑ **网络工程师（RCNA）**：网络工程领域的初级资格认证，获得 RCNA 资格的人员可以搭建和维护 100 个以下节点的中小型网络。
- ❑ **调试工程师（RCCP）**：网络工程领域的中级资格认证。获得 RCCP 资格的人员具备丰富的网络知识和实践操作技能，能够熟练的配置和调试多种网络设备。具有 RCCP 认证的工程师能够设计和构建超过 100 个节点的大中型园区网络。
- ❑ **资深网络工程师（RCNP）**：网络工程领域的高级资格认证。获得 RCNP 认证的人员能够驾驭路由器、交换机、WLAN 等产品，熟练的对其各种功能和特性进行配置和调试，并在网络中部署高级的路由选择协议和各种安全特性、冗余机制、优化技术等。具有 RCNP 认证的工程师能够设计和构建超过 500 个节点的大中型园区网络。
- ❑ **互联网专家（RCIE）**：网络工程领域的顶级认证。获得 RCIE 认证的人员作为网络技术领域的专家，不仅具有丰富的网络理论知识和实践操作技能，并能够对网络中出现的故障和疑难问题进行分析及排错。获得 RCIE 认证的人员将具备实施大型网络中所需要的各种技能。

2. 专项技术认证

锐捷职业认证还提供了多个专项技术认证，以考察相关人员在特定的技术领域方面具备的知识和技能。锐捷专项技术认证包括 IPv6、存储、无线和 IP 通信。通过 4 门专项认证课程的学习，学习者能够在 IPv6、存储、无线及 IP 通信技术领域具有专家级的知识和技能，并拥有驾驭相关产品的能力。

二、锐捷职业认证和途径

锐捷认证面向的是锐捷合作伙伴、经销商、网络技术专业人士以及对网络技术感兴趣的人群。要获得职业认证体系中的不同等级的认证，都需要通过一些必须的笔试、Lab 考试以及具备必要的必备资格。

1. 通用技术认证

认证	认证课程	必需的考试	必备资格
RCAM	网络基础 Fundamental	Fundamental Written	—
RCNA	网络设备互连（IND） Interconnecting Networking Devices	IND Written IND Lab	—
RCCP	设备调试与网络优化（DOND） Debugging and Optimizing Networking Devices	DOND Written DOND Lab	—
RCNP	构建高级的路由互联网络（BARI） Building Advanced Routing Internetworks	BARI Written BARI Lab	具有生效的 RCNA 或 RCCP 证书
	构建高级的交换网络（BASN） Building Advanced Switched Networks	BASN Written BASN Lab	
	构建优化的互联网络（BOI） Building Optimized Internetworks	BOI Written BOI Lab	
	网络服务架构的设计与实施（DINSA） Designing and Implementing Network Service Architectures	DINSA Written DINSA Lab	
RCIE	—	RCIE Written RCIE Lab	—

2. 专项技术认证

认证	认证课程	必需的考试
IPv6 Specialist	部署 IPv6 网络 Deploying IPv6 Networks	IPv6 Written IPv6 Lab
Storage Specialist	构建存储网络 Building Storage Networks	Storage Written Storage Lab
WLAN Specialist	无线局域网的设计与实施 Designing and Implementing Wireless LAN	WLAN Written WLAN Lab
IP Communication Specialist	IP 通信技术 IP Communication Technology	IP Communication Written IP Communication Lab

注：对于锐捷专项技术认证，不需要考生预先具有任何认证证书，只需要通过相应的专项技术考试即可。

锐捷网络大学

参 考 文 献

1 RFC 网站：http://www.ietf.org/

2 IEEE 网站：http://www.ietf.org/

3 锐捷网络网站：http://www.ruijie.com.cn/

4 （美）Jeff Doyle,CCIE #1919 著. TCP/IP 路由技术（第一卷）（第二版）. 葛建立 吴剑章译. 北京：人民邮电出版社，2007